牙祭岁月

追寻美食裡的歷史意蕴

王道 著

中原出版传媒集团
中原传媒股份公司

大象出版社
·郑州·

图书在版编目（CIP）数据

牙祭岁月：追寻美食里的历史意蕴／王道著.— 郑
州：大象出版社，2019. 5
ISBN 978-7-5711-0168-8

Ⅰ. ①牙… Ⅱ. ①王… Ⅲ. ①饮食—文化史—中国
Ⅳ. ①TS971. 2

中国版本图书馆 CIP 数据核字（2019）第 066042 号

YAJI SUIYUE

牙祭岁月

追寻美食里的历史意蕴

王　道　著

出 版 人	王刘纯
封面题字	郑培凯
责任编辑	司　雯
责任校对	安德华
封面绘图	绿　茶
内文插画	杜　洋
装帧设计	王晶晶

出版发行　**大象出版社**（郑州市郑东新区祥盛街 27 号　邮政编码 450016）
　　　　　发行科　0371-63863551　　总编室　0371-65597936
网　　址　www.daxiang.cn
印　　刷　北京汇林印务有限公司
经　　销　各地新华书店经销
开　　本　787mm×1092mm　1/16
印　　张　15.5
字　　数　137 千字
版　　次　2019 年 5 月第 1 版　2019 年 5 月第 1 次印刷
定　　价　46.00 元
若发现印、装质量问题，影响阅读，请与承印厂联系调换。
印厂地址　北京市大兴区黄村镇南六环磁各庄立交桥南 200 米（中轴路东侧）
邮政编码　102600　　　　　　电话　010-61264834

让食物承载记忆（代序）

　　真是风水轮流转，餐饮业也是如此。这年头轮到乡土菜"露脸"了，都市里到处是打着"小时候的味道"的店面。从南方到北方，从沿海到中原，各种家乡菜和乡土小吃陆续推出，可谓"舌尖上的中国"的一股新风。对于这种"乡土菜"的包装模式，我更愿意把它归于"乡愁卖点"，它是乡村加速消失的一种产物。先不管菜肴味道如何，至少是"先声夺人"，先从情感上拉近了店与客的距离。但要说这类乡土菜式能做到"原汁原味"，我是坚决不信的，要知道现在什么都在加速变化和进化，就连寻常的青菜、萝卜的品种都变了，更不要说土壤、种植方式的变化了。与此同时，人们的口味也在发生着巨大的变化，看看周围川菜遍天下的阵势就可以知道，人们的口味普遍变得浓了、重了。因此我认为，商业的归商业，情怀的归情怀。

眼下这股风就是一种商业性的怀旧情怀，也可说是在城镇化不断提速下的一种源自体内味蕾的怀念。

我的家乡有一种乡土佐料，叫荆芥，至于学名、科属、药性，我全不知道。我对这种有点儿"怪味"的植物的最初印象就是来自家庭餐桌。大夏天，就是吃西瓜的季节，荆芥就该上桌了。凉拌黄瓜、凉拌牛肉、手撕卤菜、凉拌豆腐皮、胡辣汤或是凉拌面，都要放上这种类似于薄荷叶的植物。若是没有了这味清凉碧绿的荆芥，你会觉得那些食物顿时黯然失色。记得有人曾说为了某种醋才包顿饺子，这话就让我想到了荆芥。尤其是从老家出来这么多年后，更是常常在相关食物前联想到荆芥。

我的觅食之旅曾走过很多地方，却没有遇到过专门种植荆芥的城市。据说全国也只有皖、豫的部分地区种植荆芥。有几次我在南方的小巷子里倒是见到了有人零星种植荆芥，种在那种塑料泡沫容器和破旧花盆里的，一看就是"远方来客"的样子，我猜想种植的主人也一定是来自吾乡或吾乡附近。明代的沈璟曾说过："自古道物离乡贵，人离乡贱。"远离家乡的人到底还是舍不得家乡的味道，尤其是这种从小吃到大的乡土味道，更使人怀想万千。

我自己也曾有过携种外植的做法，但基本上都以失败告终了。第一次我谨慎地把荆芥种子埋进土里，浇水、松土，天天盼着它长出青碧的枝叶，结果好多天过去还是没有出芽的迹象。后来老家人提醒我说，肯定是埋得太深闷死了。我不甘心，第二次我挖开浅浅的沟垄，把细小的荆芥籽丢进去，然后轻轻埋上薄薄一层土，继续盼着它冒芽出苗，但这一回还是落空了。老家人说，你把种子栽死了，说我丢种子时离地太高了。实际上这话也可以理解为荆芥籽"娇气"，从科学上也可以理解说种子的胚芽被摔坏了。

事不过三。我再一次丢籽下种，终于看到它露出了绿色的芽苗，只是一天天看着它长出来，整个茎叶都是瘦啦吧唧的，完全不成样子，掐几把冲洗下送进嘴里，却发现味道也不够醇正，就像是变异了似的，怎么也不是荆芥的滋味。难不成是南橘北枳，或说水土不服？总之，我从此就断了异地栽植荆芥的念头，真想吃还是回老家去。

而我之所以一再执着地试验种植荆芥，说是馋嘴也不过分，但到底也还是因为乡愁的缘故。一把荆芥叶子，能带来多少温馨的乡情回忆？至此，乡土美食也不再是美食本身，而是成为承载成长记忆和过往岁月的"神器"。

爱屋及乌。因为对荆芥的爱好，我对很多佐料都很感兴趣，如茴香、香菜、肉桂、迷迭香等，近代日本学者青木正儿曾对中国的大茴香、小茴香做过专门的考证。听说荆芥在日本早已经入药了，不知道有没有人专门对这种土生土长的乡土佐料做过研究。民间话说，经验大死学问，说的是民间智慧往往胜过专门的学术研究。我想荆芥在中国部分民间餐饮业流行数百年是自有其原因的，它的清热、排毒、解腻、提神以及开胃等功效虽然不会被众多食者解读得头头是道，但这或许正是民间食物的独特之处，不必明说，却倚着长久的经验默默享受着它的实惠。

由此我想到了民间的宴席。记得小时候物质并不丰富，但是谁家要有个喜事都会大摆宴席，首先想到的是大家伙儿一起打打牙祭。菜式虽说没有什么山珍海味，但也会按照一定的程序上来。先冷盘，一般是四个或六个，甜咸搭配，荤素相宜。然后是热菜，小炒，小荤，大素，然后是大荤，如整鸡、整鱼、肘子、开花肉，接下去是丸子汤、甜汤、馒头。尤其是这碗开花肉，特别能看得出来乡间厨师的本事，肥多瘦少，却是肥而不腻，但又能一解缺油水的馋劲儿。记得当时不少大人在拼完酒后就开始拼吃开花肉，在解馋的同时也活跃了喜事的气氛。至今想起来还是使人口舌生津，恨不得再回到那个时代去尝一口开花肉。记得孟子曾说过："饮食之人，无有失也，则口腹岂适为尺寸之肤哉？"把爱吃肉与道德拉上关系也要看历史背景，被饿坏了的国人一度是无肉不欢，正如那时候的人无法想象今天的人吃素减肥是一样的道理。"仓廪实而知礼节"，肚皮丰富了恐怕才会知道真正的饮食修养。这就让我想到了陆文夫的《美食家》，真正的美食家并非是贪吃一族，反倒是会吃一族。

我所认识的美食家，如陆文夫、郑培凯、徐城北、王稼句等，还有吾乡一些民间大厨，无不是"身材窈窕"。印象中家里亲友中也是如此，会吃的人大多不会发胖，而且一个人的吃饭方式也基本上代表着一个人的修养、品质。印象中我爷爷一生行走江湖算是比较"会吃"的，食材不好的不吃，不够味儿的不吃，烹制不地道的不吃，缺了关键佐料的不吃。看上去是"挑食"，但也是一种人生品格的显现。孔子关于食物的挑剔也是如此，割不正不食，不时不食。这一点我尤其钦佩苏州人，跟着时令吃食物，一年二十四节气，什么季节吃什么肉、鱼、菜，就连糕团点心也是极其讲究时令的，由此一点可知苏州人的感情细腻到了骨子里，作家苏童就是典型的代表人物之一。再往上追溯，我觉得苏州才子唐寅冒险吃河豚，以及金圣叹临终遗言"花生米与豆干同嚼，有火腿滋味"同属于晚明文化最后的璀璨霞光。

与之相对应的还有《浮生六记》里的芸娘，生活困顿，却是雅兴不减，从寻常的臭豆腐和虾米卤瓜里吃出了生活的真滋味。当丈夫沈复拿她吃臭说事时，她不但不恼，反倒成功劝说沈复一起吃臭，并说："布衣菜饭，可乐终身，不必作远游计矣。"

　　由这味"臭豆腐"（腐乳），我又想到了著名语言学者周有光先生的雅好。他在江南养成了这一嗜好，而且只吃一种品牌，年逾百岁而不更其好，以腐乳就白粥，吃得津津有味，可谓是长寿有道。江南同好此味的还有著名词曲学者吴梅先生，能以腐乳入诗并写出书法赠人的恐怕并不多见，大俗即大雅，真可谓化腐味为雅美。

　　我常常会因为一味食物而联想到一位人物，我以为人只有回到最根本的饮食阶段，才能见出真性情，名人凡人无不如此。综观历史上的古今人物，也都会因着个人嗜好的食物钩沉出许多隐秘往事和真实性情。因此，我以为食物会承载记忆，更会承载传奇和历史。因此这也是我热衷此味写作的原因所在。

　　正如我现在所在的休养地房山，当地出产一种柿子，名曰"磨盘柿"，其大如拳，其甘如蜜，普通的一个柿子却因为皇帝朱棣御封成为贡品，令人在这京都的南大门遥想朱棣挥师南下，发起"靖难之役"的兵马时代。此地还是朱棣的国师姚广孝的隐居地，这里盛产一种乡土美味——香椿。吾乡也是香椿盛产地，且出产的香椿曾被封为贡椿。我以为姚广孝最后隐居出家也还是要吃饭的，香椿自是佛堂美味之选。这味香椿使我想到了"合肥四姊妹"之一的才女张充和女士。她去国离乡远居美国，但心里还是惦念着香椿滋味，幸好四弟宇和为中山植物园工程师，负责培育香椿品种，由此携来香椿幼苗种植。每年开春充和与家人友朋一起打打牙祭，据说还曾以此事入诗，在国内外学术界成为一段雅谈。

让食物承载记忆，且很多食物就如同记忆一样，历久弥新，鲜活而生动，时间越久，味道越醇。

王道

戊戌年新秋于北京房山长阳镇

目录

第一餐　味道历史

第二餐　食趣风雅

第三餐　点心江南

第四餐　个人滋味

第一餐　味道历史

宋氏二姐妹与一碗面

　　苏州的面与浇头是分开的，一定要在本土尝鲜，因此在外地很少能吃到苏州面。

　　1949 年 5 月 19 日，宋美龄与宋子良从美国写信给宋庆龄："最近，我们都经常想起你。考虑到目前的局势，我们知道你在中国的生活一定很艰苦，希望你能平安、顺利……如果我们在这儿能为你做些什么的话——只要我们能办到，请告诉我们。我们俩都希望能尽我们所能帮助你，但常感到相距太远了，帮不上忙。请写信告诉我们你的近况。"据说这是他们与二姐庆龄之间的最后一封通信。

　　4 个多月后，宋庆龄受邀站在了天安门城楼，见证毛泽东主席隆重宣布：中华人民共和国成立了。此后她与三妹美龄天各一方，隔海相望。

听说宋庆龄越到晚年，越是思念美龄，除了看全家福，就是不断假设宋美龄回国后的接待程序。有一次，她对邹韬奋夫人沈粹缜说："美龄假使能来，住我这儿不方便，可以住在钓鱼台。"

关于宋氏二姐妹的纷争和分歧，外界传了这么多年，总觉其中有不少属于臆想，抛开政见不谈，那份血浓于水的亲情无论如何都是难以割舍的。

近读地方档案史志发现，1947年10月，宋庆龄、宋美龄姐妹曾携手畅游江南虞山，并在虞山脚下的王四酒家品尝了诸多美食。此时国内局势陡转，"打倒蒋介石，解放全中国"已成为国人共识。

明人沈玄曾于中秋登虞山，诗赞："七溪流水皆通海，十里青山半入城。"虞山位于江苏常熟，城内七河缓流，犹如琴弦，城又名琴川。城内王四酒家就坐落在虞山脚下，店主王老板经营有道，就地取材，自创菜式。田间蔬菜，油鸡山鸟，菌菇野味……一坛桂花酒更是酿得地道醇美，甜而香，甘而洌。后来生意做大了，顾客从乡野村夫逐渐变成乡绅名流。

1933年，诗人易君左光顾后说："王四酒家风味好，黄鸡白酒嫩菠青。"此后，王四酒家的生意便红火起来。

1947年10月19日中午12时，邻近王四酒家的山门外突然驶来六辆轿车，车上的客人刚刚游山而下，还特地进入距今1500余年的兴福寺瞻拜一番。

这一行人中有两位女士，分别为宋庆龄、宋美龄，还有一位先生，正是孔令侃。他们从无锡而来，应是趁着公务间隙，临时决定出游。宋美龄的私人秘书钱用和即常熟人，外甥女孔令伟的驾驶员范雪康也是常熟人。当时开的是美国总统罗斯福送给国民党政府的四辆豪华道奇卡"总统坐骑"，范既是司机，又像是贴身保镖。

这一天正是周日，王四酒家熙熙攘攘，早已满座，再加上宋氏姐妹来得也晚，就算是拿号排队也要"一歇歇"（苏州话）。

和所有的中国式程序一样，吃饭有时候也要"通后门"。看看宋氏二姐妹的陪同人员，除了上海警备司令部宣铁吾及侍卫官张永良，还有"行政院新闻局"副局长曾虚白，此人毕业于圣约翰大学，创作和翻译了大量的文学作品。这一点倒是继承了其父曾朴的志趣，一部《孽海花》倾倒了多少多情的人。曾是常熟人，孔令侃也与酒家老板熟识。两人进店要三桌上等酒菜，孔令侃只说有贵客前来。店主并不着急，也没有赶走其他食客，只说稍后尽力安排。

可腹中饥肠辘辘，肠胃不等人。宋氏姐妹赶往店堂时，却被告知仍无空席。此时，宋美龄想到了一个办法：堂外吃。

精明的店主似乎也感觉到了什么，马上照办。距离酒家百余米处的山脚下有一棵主干弯曲的枫杨树，当地人称之为"弯背枫杨树"，据说今天还在。树下有大片草坪，周围有潺潺溪水，绿树成荫，芳草萋萋；往东看是一望无际的稻田，此时正是收割的季节；往西是松柏古树林，郁郁葱葱，隐约间还能看到几处古墓，言子、虞仲都葬于此。这样的野餐地既隐秘又不失风雅。老板布置好后，赶紧上菜。

油鸡、煨鸡、爊山鸟、醉虾、叫花鸡、冰葫芦等相继上桌，还不忘上来一坛桂花白酒。初秋时节，天高云淡，山清水秀，稻花香夹杂着山花香，清风习习，飘来的说不清是酒香还是花香。

宋氏姐妹边吃边聊，边吃边欣赏着周围的景色。姐妹俩的时尚服饰恰如其分地镶嵌在山色里：宋庆龄头戴宽边白草帽，身穿白衬衫、黑色绒线马甲，浅灰色外套，下身穿深灰色西装裤，黑色革履；宋美龄的服装与姐姐相同，唯绒线马甲为红色。

此时，吃什么或许并不重要了，两姐妹能够平心坐下来，好好吃顿饭，已经足矣。当天饭菜的高潮当属一碗蕈油面。

记得有几次我去常熟虞山兴福寺吃面，陪同的常熟友人皆高喊"蕈（zhen）油面"，且"zhen"读声颇狠。后知是蕈（xùn）

的当地发音，因此老板从读音即知食客是不是外地人。

早期留洋生浦薛凤本是常熟人，曾先后在清华、西南联大、台大任教，曾作回忆录《万里家山一梦中》，特地提到家乡的蕈："常熟乡间山麓所产松蕈与鸡脚蕈，味均鲜美。前者带黑色，可熬作蕈油，伴腌豆腐或切和面条，味道香隽。后者色白，茎甚细长可食，殊不多得，故甚名贵，味更清鲜。"浦君说，家乡几样菜肴，走遍天涯，无处可以觅得，或可相匹敌。

常熟蕈油面与虞山兴福寺相关联。众所周知，出家人不食荤，菌类就成了"素肉"。袁枚《随园食单》有记："扬州定慧庵僧，能将木耳煨二分厚，香蕈煨三分厚。先取蘑菇熬汁为卤。"并在"素面"篇中详记过程，以蘑菇蓬熬汁，澄清，备为面的浇头，并谓纯黑色料汤，不知何物，扬州定慧庵僧不肯外传。我猜想，黑汤可能就是蕈油。

遥想当年身边围着一批常熟人，想必宋庆龄、宋美龄没少听说关于蕈油的来历。宋美龄活到106岁，且一生窈窕，不少人追寻她的长寿秘诀，发现她爱吃素。据说她每餐必食青菜，自称每天只要吃半斤菠菜，就可抵上一顿红烧肉供给的养分了。

蕈油面最早应始于兴福寺，虞山上下遍地是古松，蕈正是依附松树生长的。想必僧人就地取材，打打"牙祭"偶成。如今，蕈油面名声大响，有人研究说，虞山海拔在500米上下，周围植物葱郁，半环尚湖之水，温度、湿度适宜，正适合蕈的孢子生根繁殖。

蕈只存在于春秋两季，虽说蕈油可以早早熬制，但鲜蕈的味道仍是以时令为美。可见，宋氏姐妹来得正是季节。

熬制蕈油需要较为烦琐的工艺：先要用盐水浸渍，再将蕈褪去膜衣，去净泥杂，用开水余烫，冷水漂清，放入熟菜油中加作料，将松树蕈爆炒3分钟成熟。如今饭店里都是把蕈油早早熬好，一袋一袋封存放进冰库里，随吃随取。

当然，面汤也很考究，要用蹄髈、油爆鱼头和多种香料熬成。面条圆而细，但不是龙须面。最后浇上蕈油，或是搁上几粒烹制好的蕈菇，清香扑鼻，浑如天然。

上班前的虞山兴福寺面馆一定是熙熙攘攘的。不论达官富绅，还是庶民百姓，每日醒来后，苏州人一定先想着蕈的口感，像嫩肉，又有野味，有嚼头又有松树的芬芳。蓝天、树影、空气清新，鼻翼唇齿间，一同吞下的何止是一碗面。

难怪如今常熟的蕈大缺，因为食客太多，"僧多粥少"，以致外地蕈前来冒名，但老饕总能在第一时间品出优劣。更有甚者，不识货者常常采到毒蕈，人被放倒已不是什么新闻了。

宋氏姐妹慢慢品味着，不禁对这里的菜式和面点连声称赞。吃到兴起，宋美龄见一约10岁的村童挨近来看他们用餐，就把带来的一个面包递给他。这个从未吃过面包的王姓村童高兴得拿了就跑，逢人便炫耀所得。

美食的微妙处就在于"物以稀为贵"，如果蕈像面包一样普遍，恐怕也没有多少人追捧了。不过在当时，面包之于庶民来说，也不亚于蕈了。

用餐接近尾声时，宋美龄见田间有几个农家女在收割，就起身下田，向其中一名女孩要来一把镰刀，学着割起稻来，随行人员马上为她拍照留念。饭毕，一行人绝尘而去。几个月后，宋庆龄即担任了"国民党革命委员会"的名誉主席。

以后二姐妹曾有好几次机会团圆，但都因为复杂的原因而没有见面，以致成为永远的遗憾。宋美龄得知宋庆龄病危及逝世的消息时，曾几次流泪，并为二姐祷告。她对着一本宋庆龄画册，一看就是两个多小时，一动不动，旁若无人。

1951 年，宋庆龄获得了"国际和平奖"，奖金 10 万卢布。宋庆龄通过授奖典礼执行主席郭沫若宣布，将所获奖金全部捐出，作为发展中国儿童和妇女福利事业之用。后来，常熟市机关托儿所获得奖金资助，即更名为"虞山镇少年之家"，受惠儿童数万名。1980 年 6 月 2 日，孩子们给时任全国人大常委会副委员长的宋庆龄写信，请宋奶奶为新建的"少年之家"题词。几天后，宋庆龄的回信递到了孩子们手里："愿少年儿童树新风，遵纪守法，有健康的身体，有知识，有志气，为祖国作贡献。"孩子们很高兴，给宋奶奶回寄了一条签名祝福的红领巾，宋庆龄又回信致谢。

时隔一年，宋庆龄因所患冠心病、肝癌及慢性淋巴性白血病病情恶化而病逝于北京。

如今，"少年之家"仍屹立于虞山脚下，面积超大，环境超美，孩子超多。院内，有一尊宋庆龄的汉白玉雕塑，表情端庄慈祥，亲切自然。这让人一下子想起两位姐妹在虞山歪脖子树下吃蕈油面的情景，只是时间已经过去了一甲子。

张爱玲的『画饼充饥』

张爱玲在文章中提到的一些民间美食都是小麦制作的，如"粘粘转"就是取材于小麦粒。

因为研究张充和女士，有人常常问我张充和与张爱玲是什么关系，问者常常把张爱玲的故乡记成了合肥。其实，张爱玲出生在上海，而且从张爱玲的一生经历看，她似乎并没有去过合肥。看一本书里写张爱玲喜欢合肥菜，说是缘于老祖母遗留下的保姆是合肥人。此说倒有可能，但是张爱玲喜欢合肥菜到底是少时的"迫不得已"，还是发自内心的"真心喜欢"就不得而知了。

从张爱玲的文章观点可见，她似乎不是一个刻意维护"乡土美食"的人："周作人写散文喜欢谈吃，为自己辩护说'饮食男女，人之大欲存焉'，但是男女之事到处都是一样，没什么可说的，而各地的吃食不同。这话也有理，不过他写来写去都是他故乡绍兴的几样最节俭清淡的菜，除了当地出笋，似乎也没什么特色。炒冷饭的次数多了，未免使人感到厌倦。"（《谈吃与画饼充饥》）

当然，张爱玲也并非刻意去排斥"乡土美食"，只是她的感受和观点却又是特殊的："一样怀旧，由不同的作者写来，就有兴趣，大都有一个城市的特殊情调，或是浓厚的乡土气息。即使是连糯米或红枣都没有的穷乡僻壤，要用代用品，不见得怎么好吃，而由于怀乡症与童年的回忆，自称馋涎欲滴。这些代用品也都是史料。此外就是美食家的回忆录，记载的名菜小吃不但眼前已经吃不到了，就有也走了样，就连大陆上当地大概也绝迹了，当然更是史料。不过给一般读者看，盛筵难再，不免有画饼充饥之感，尤其是身在海外的人。"

说这些话时，张爱玲正孤身处于美国西部一隅，要说不想念昔日的温馨和美好，那不可能，但是经过那么多年的磨砺，颇有些千帆过尽之感。张爱玲显然已经能够平和地回望那些往昔的温热了，内心里虽仍惦记着那些少时的旧味，但不再是渴望着品尝，完全是对一些史料的自然记忆或凭吊。

远居异国他乡，张爱玲不禁回味起一种与合肥有关的食物，

"粘粘转"。说起来张爱玲与合肥的关系，总不免要提及她与那位合肥大人物李鸿章的关系。张爱玲与李鸿章的血缘关系常常令人搞不清楚，张爱玲的祖父张佩纶娶了李鸿章的女儿李菊耦，按照辈分，张爱玲就是李鸿章的重外孙女。

袁世凯曾说："天下翰林真能通的，我眼里只有三个半，张幼樵、徐菊人、杨莲府，算三个全人，张季直算半个。"张幼樵即张佩纶。张佩纶，河北丰润人，进士出身，才学渊博。因直言敢谏，曾被归于清流派，为官数载得罪了不少人，最后也落得个惶惶下台，任凭李鸿章怎么说，坚决辞官不做。李鸿章到底是赏识这个才子的，把女儿李菊耦嫁给了他。文人梁鼎芬曾写诗戏谑张、李结合："篑斋学书未学战，战败逍遥走洞房。"虽然夫妻相差近 20 岁，但两人琴瑟和鸣，在金陵一隅过着浮生日子："以家酿与菊耦小酌，月影清圆，花香摇曳，酒亦微醺矣。"

据说暂居京城时的张佩纶颇为喜欢名店同和居的一道菜"三不粘"。"三不粘"最早为河南安阳的名菜，说是兴于北宋，后南渡江南，再后来传到京城。这道菜由鸡蛋黄、淀粉、猪油、白糖、盐、水等做成，制作难点在于掌握火候，三四百下的匀速搅拌、翻炒，才能制作出来色泽金黄却不见油迹的"三不粘"，有人也称"桂花蛋"。这道菜吃起来软香甜润，但并不会过甜起腻。据美食家唐鲁孙说同和居这道甜菜之所以叫"三不粘"，是因为它不粘筷子、不粘碟子、不粘牙齿。

只是不知道张佩纶是否陪着恩师丈人吃过这道名菜。

尽管有人说张爱玲身上并无李合肥的基因传承，但从张爱玲身上总是能若有若无地看到祖父、祖母的影子。

张爱玲曾记得一道与安徽有关的食味：

> 我姑姑有一次想吃"粘粘转"，是从前田上来人带来的青色的麦粒，还没熟。我太五谷不分，无法想象，只联想到"青禾"，王安石的新政之一，讲《纲鉴易知录》的老先生沉着脸在句旁连点一串点子，因为扰民。总是捐税了——还是贷款？我一想起来就脑子里一片混乱，我姑姑的话根本没听清楚，只听见下在一锅滚水里，满锅的小绿点子团团急转——因此叫"粘粘（拈拈？年年？）转"，吃起来有一股清香。

> 自从我小时候，田上带来的就只有大麦面子，暗黄色的面粉，大概干焙过的，用滚水加糖调成稠糊，有一种谷香，远胜桂格麦片。藕粉不能比，只宜病中吃。出"粘粘转"的田地也不知是卖了还是分家没分到，还是这样东西已经失传了。田地大概都在安徽，我只知道有的在无为州，这富于哲学意味与诗意的地名容易记。大麦面子此后也从来没见过，也没听说过。

　　李菊耦嫁给张佩纶时曾带着安徽的佣仆，在她去世后，这些被称为"干干"（注：合肥方言，对带孩子保姆的别称）的保姆们继续在张家做事，照顾着主人的儿女和孙辈。因此徽派乡土小吃对于张爱玲多少还是有些记忆的。所谓的"粘粘转"实际上就是一种青麦仁，撸下来可以直接吃，可以炒着吃，也可以煮着吃，这种麦仁自有一种清香和甘甜，既是一种尝鲜，也是一种解馋。在安徽种植小麦的地区多有这种吃青麦仁的习惯，而且多为小孩解馋，大人一般舍不得。

　　再说到吃炒面也是同样道理，新麦子打出来，磨成面粉，总要做点不一样的面食庆祝收获和丰收。尤其是在物质匮乏的年代，大人对孩子的奖赏，有可能就是一顿新麦炒面。据说炒面还有一种功能，可以治疗和缓解腹泻。炒面虽简单却有技巧，尤其不能焦煳，文火翻炒，炒时慢慢散发出一种别样的清香，炒至色泽微黄，正好熟了，可以干吃，也可以倒入糖水调和成糊状，香甜可口，唇齿留香，是取自大自然的人间烟火味儿。

　　想必处于时尚都市的张爱玲是不大能体会到这种纯粹的乡土小吃的真味，只是在谈吃时偶然想到了这一味旧物，并由此联想到抗美援朝时期的志愿军以炒面充饥的报道，她写道：想也就是跟炒米一样，可以用滚水冲了吃的。炒米也就是美国五花八门的"早餐五谷"中的"吹涨米"（puffed rice），尽管制法不同。"早餐五谷"只要加牛奶，比煮麦片简便，又适合西方人喝冷牛奶的习惯，所以成为最大的工业之一。我们的炒米与大麦面子——"炒面"没吃过不敢说——听其自生自灭，实在可惜。

张爱玲曾听见姑姑说过："从前相府老太太看《儒林外史》，就看个吃。"似乎暗含着这本书的美食之道及李家人的会吃。

张爱玲在创作《创世纪》时曾以戚文靖公戚宝彝映射李鸿章，说他在府中用餐时喜欢吃香椿芽炒蛋，但有段时间嫌太贵了，就不吃了。后来手下人说是在家里树上摘的，于是他这才又吃。据说张爱玲的父亲也很喜欢吃这道透着乡土气息的菜式，只是他的吃却成为奢侈生活的表现。

张爱玲曾在 1944 年 5 月的《童言无忌》中描写她唯一的弟弟张子静："我的弟弟生得很美而我一点也不。……我比他大一岁，比他会说话，比他身体好，我能吃的他不能吃，我能做的他不能做。……有了后母之后，我住读的时候多，难得回家，……大家纷纷告诉我他的劣迹，逃学、忤逆、没志气。"

弟弟在晚年时回忆姐姐时提到了祖母带来的安徽保姆何干干，说有一次后母把姐姐打得要死，要不是何干干及时出手，真是不知道后果。弟弟还回忆了姐姐的一些生活片段，说他们小时候一起吃过合肥风味，有山芋糖、掌鸡蛋、合肥丸子等，但张爱玲在后来专门谈吃的长文中并未提及。

从张爱玲给别人的信中可以零星地发现，她和比他小一岁的弟弟的关系似乎不大好，甚至对弟弟写她的事迹不太认同，只是出于亲情关系才默许他去写。1952 年张子静去找姐姐，却发现她已经离开了上海，离开了内地。"我记起有一次她说这衣服太呆板，她是绝不穿的。或许因为这样，她走了，走到一个她追寻的远方，此生再没回来。"1995 年，张爱玲在美国离世。

1997 年，终生未娶的张子静在上海去世。

如果非要说张爱玲有故乡情结的地方，恐怕非上海莫属了。在上海，她开始了真正的小说创作，并一举成名；在上海，她体味着真正的洋派生活，品尝着来自不同国度的食物；在上海，她与胡兰成结婚，胡兰成的誓言简单："愿使岁月静好，现世安稳。"也正是在上海，张爱玲遭遇了胡兰成的出走。在张爱玲很多年后发表的一篇未完成的《异乡记》里，蕴含着当初张爱玲从上海弄堂出发，千里迢迢去浙江乡下寻找逃跑的胡兰成的经历。

张爱玲一路坎坷，一路"寻夫"，途中先是借宿在别人家，就连上厕所都没有隐私，和人合睡时也不敢翻身。一个人的时候张爱玲大哭起来，边哭边防着被别人看到，她想："这地方是他也到过的吗？能不能在空气里体会得到？……"

历经几十天后，张爱玲终于在温州见到了胡兰成："我从诸暨丽水来，路上想着这里是你走过的。及在船上望得见温州城了，想你就在那里，这温州城就像含有宝珠在放光。"

但是寻到了之后，又能如何？他已经有了新人，他像做贼似的躲着世界，连和张爱玲在旅社过夜都不敢。那个让她情愿把自己低到尘埃里的然后再开出花的男人，在不久后彻底在她的耳目心间消失了，她几乎不再对任何人提及他，他给她写信她也不回。

她曾致信他："我已经不喜欢你了。"消瘦的一行字，浑如瘦影如风的她的气息，凛冽而不可违抗。

胡兰成说他看了这信并不"惊悔"，"美貌佳人红灯坐"，他清楚地记得张爱玲来寻见他后一共哭了几次，她让他选择，他不肯。"爱玲是我的不是我的，也都一样，有她在世上就好。"

在这次寻夫之路上，张爱玲开始观察俗世万象。乡下的煎蛋里面包着碎肉，外面撒着葱花和酱，张爱玲暗暗称奇："原来乡下的荷包蛋是这样的，荷包里不让它空着。"张爱玲还仔细地观察了两次乡下人杀猪，花了大篇幅记录描述，最后写道：成块的猪肉被堆在屋子里，猪头被割下来，嘴里给它衔着自己的小尾巴，使人想起了小猫追自己的小尾巴，"那种活泼泼的傻气的样子，充满了生命的快乐"。"英国人宴席上的烧猪躺在盘子里的时候，总是口衔一只蒸苹果，如同小儿得饼，非常满足似的"。由此想到张爱玲在来时火车上观察一对夫妻，妻子让丈夫猜她早晨吃什么，莲心粥、火腿粥、稀饭什么的，猜中与否不是重点，重点是两个人一问一猜的旅程。一个人在车上，张爱玲寻思："中国人的旅行永远属于野餐性质，一路吃过去，到一站有一站的特产，兰花豆腐干、酱麻雀、粽子。"总觉得此时的张爱玲已经开始落入凡间，似乎想着体验世俗的生活。

只是胡兰成却没能给她机会，他毅然离开了她，由此也让张爱玲更坚定地走自己的路。胡兰成也是记得张爱玲的生活细节的："张爱玲喜闻气味，油漆与汽油的气味她亦喜欢闻闻。她喝浓茶，吃油腻熟烂之物。她极少买东西，饭菜上头却不悭刻，又每天必吃点心，她调养自己像只红嘴鹦鹉哥。"

一想到这些，胡兰成又沉入他与张爱玲的红尘往事中去，就连写作他的《山河岁月》时都不禁凄然："写到有些句子竟像是爱玲之笔，自己笑起来道：'我真是吃了你的瀺唾水了。'"

也就是在这年的 6 月，张爱玲与胡兰成分手。

沉浸在《山河岁月》里的胡兰成到底还是在乎她的："有时写了一回，出去街上买块蛋糕回来，因为每见爱玲吃点心，所以现在我也买来吃，而我对于洋点心本来是不怎么惯的，爱玲还喜欢用大玻璃杯喝红茶。"

张爱玲喜欢西点与海派生活不无关系，在进中学前她曾去钢琴老师家学琴，散了会后白俄女教师招待吃点心：一溜低矮的小方桌拼在一起，各自罩上不同的白桌布，盘碟也都是杂凑的，有些茶杯的碟子，上面摆的全是各种小包子，仿佛有蒸有煎有汆有烤，五花八门也不好意思细看。她拉着我过去的时候，也许我紧张过度之后感到委屈，犯起别扭劲来，走过每一碟都笑笑说："不吃了，谢谢。"她呻吟着睁大了蓝眼睛表示骇异与失望，一个金发的环肥徐娘，几乎完全不会说英语，像默片女演员一样用夸张的表情来补助。

后来张爱玲常去光顾学校不远的一家老大昌（Tchakalian），一直追随到香港：

> 兆丰公园对过有一家俄国面包店老大昌，各色小面包中有一种特别小些，半球形，上面略有点酥皮，下面底上嵌着一只半寸宽的十字托子，这十字大概面和得较硬，里面掺了点乳酪，微咸，与不大甜的面包同吃，微妙可口。在美国听见"热十字小面包"（hot cross bun）这名词，还以为也许就是这种十字面包。后来见到了，原来就是粗糙的小圆面包上用白糖画了个细小的十字，即使初出炉也不是香饽饽。

> 老大昌还有一种肉馅煎饼叫匹若叽（pierogie），老金黄色，疲软作布袋形。我因为是油煎的不易消化没买。多

年后在日本到一家土耳其人家吃饭，倒吃到他们自制的匹若叽，非常好。土耳其在东罗马时代与俄国同属希腊正教，本来文化上有千丝万缕的关系。

六〇年间回香港，忽然在一条僻静的横街上看见一个招牌上赫然大书 Tchakalian，没有中文店名。我惊喜交集，走过去却见西晒的橱窗里空空如也，当然太热了不能搁东西，但是里面的玻璃柜台里也只有寥寥几只两头尖的面包与扁圆的俄国黑面包。店伙与从前的老大昌一样，都是本地华人。我买了一只俄国黑面包，至少是他们自己的东西，总错不了。回去发现陈得其硬如铁，像块大圆石头，切都切不动，使我想起《笑林广记》里（是煮石疗饥的苦行僧？）"烧也烧不烂，煮也煮不烂，急得小和尚一头汗"。好容易剖开了，里面有一根五六寸长的淡黄色直头发，显然是一名青壮年斯拉夫男子手制，验明正身无误，不过已经橘逾淮而为枳了。

在香港，张爱玲还喜欢上了青鸟咖啡馆里一种三角形小扁面包"司空"（scone），这个名称是苏格兰的一个地名。张爱玲后来迷恋上了这味点心，"比蛋糕都细润，面粉颗粒小些，吃着更'面'些，但是轻清而不甜腻"。可惜后来到了美国就买不到，于是趁着回香港的时候再去买，青鸟咖啡馆还在，但"司空"已绝迹。虽有乡音盈耳，"我顿时惶惶如丧家之犬，假装找人匆匆扫视了一下，赶紧下楼去了"。

欣慰的是，张爱玲在美国找到了替代品：美国没有"司空"，但是有"英国麦分（muffin）"，东部的较好，式样与味道都有点像酒酿饼，不过切成两片抹黄油。——酒酿饼有的有豆沙馅，酒酿的原味全失了。——英国文学作品里常见下午茶吃麦分，气候寒冷多雨，在壁炉边吃黄油滴滴的热麦分，是雨天下午的一种享受。

美食似乎从来都不是一个"独乐乐"的东西，其中的五味必然要掺杂些亲情、友情、乡情或是爱情才更有味儿。

张爱玲居住美国时曾考据中国名著里的酱鸭、野鹅，其中必是蕴含着浓郁的乡情："《红楼梦》上的食物的一个特点是鹅，有'胭脂鹅脯'，想必是腌腊——酱鸭也是红通通的。迎春'鼻腻鹅脂''肤如凝脂'一般都指猪油。曹雪芹家里当初似乎烹调常用鹅油，不止'松瓤鹅油卷'这一色点心。《儿女英雄传》里聘礼有一只鹅。佟舅太太认为新郎抱着一只鹅'嘎啊嘎'的太滑稽。安老爷分辩说是古礼'奠雁（野鹅）'——当然是上古的男子打猎打了雁来奉献给女方求婚。看来《红楼梦》里的鹅肉鹅油还是古代的遗风。《金瓶梅》《水浒》里不吃鹅，想必因为是北方，受历代入侵的胡人的影响较深，有些汉人的习俗没有保存下来。江南水乡养鹅鸭也更多。"

1954 年的冬天，张爱玲吃了西餐里的烤鸭，却吃得吐了："感恩节那天，我跟炎樱到一个美国女人家里吃饭，人很多，一顿烤鸭子吃到天黑，走出来满街灯火橱窗，新寒暴冷，深灰色的街道特别干净，霓虹灯也特别晶莹可爱，完全像上海。我非常快乐，但是吹了风回去就呕吐。刚巧胡适先生打电话来，约我跟他们吃中国馆子。我告诉他刚吃了回来吐了，他也就算了，本来是因为感恩节，怕我一个人寂寞。其实我哪过什么感恩节。"

张爱玲显然不是过感恩节的人，她无意中怀念的反倒还是在中国吃到的鸭菜："小时候在天津常吃鸭舌小萝卜汤，学会了咬住鸭舌头根上的一只小扁骨头，往外一抽抽出来，像拔鞋拔。与豆大的鸭脑子比起来，鸭子真是长舌妇，怪不得它们人矮声高，'咖咖咖咖'叫得那么响。汤里的鸭舌头淡白色，非常清腴嫩滑。到了上海就没见过这样菜。"

"南来后也没见过烧鸭汤——买现成的烧鸭煨汤，汤清而鲜美。烧鸭很小，也不知道是乳鸭还是烧烤过程中缩小的，赭黄的皱皮上毛孔放大了，一粒粒鸡皮疙瘩突出，成为小方块画案。这皮尤其好吃，整个是个洗尽油脂，消瘦净化的烤鸭。吃鸭子是北边人在行，北京烤鸭不过是一例。"

说到底，张爱玲心底里还是中国心，纯粹的中国心，她喜欢品尝那些精致的西点，但存于心底里的还是中国式口味。她在叙述西餐、洋点心的时候常常会情不自禁地回到中国旧地，而在海外发现中国美食时又会情不自禁地"怦然心动"。

我在三藩市的时候，住得离唐人街不远，有时候散散步就去买点发酸的老豆腐——嫩豆腐没有。有一天看到店铺外陈列的大把紫红色的苋菜，不禁怦然心动，但是炒苋菜没蒜，不值得一炒。此地的蒜干姜瘪枣，又没蒜味。在上海我跟我母亲住的一个时期，每天到对街我舅舅家去吃饭，带一碗菜去。苋菜上市的季节，我总是捧着一碗乌油油紫红夹墨绿丝的苋菜，里面一颗颗肥白的蒜瓣染成浅粉红。在天光下过街，像捧着一盆常见的不知名的西洋盆栽，小粉红花，斑斑点点暗红苔绿相同的锯齿边大尖叶子，朱翠离披，不过这花不香，没有热乎乎的苋菜香。

张爱玲与母亲的关系一直为很多人所追溯，好与不好，自是那个年代那辈人情的酿造。这对母女各有性格和追求，拢不到一起也是必然。只是，亲情、血缘是一生都无法割舍和抛弃的东西，在乎与否，并不能改变质的关系。因此晚年的张爱玲忆起母亲与食物，仍是温馨的：

我母亲从前有亲戚带蛤蟆酥给她，总是非常高兴。那是一种半空心的脆饼，微甜，差不多有巴掌大，状近肥短的梯形，上面芝麻撒在苔绿底子上，绿阴阴的正是一只青蛙的印象派画像。那绿绒倒就是海藻粉。想必总是沿海省份的土产，也没包装，拿了来装在空饼干筒里。我从来没有在别处听见说过这样东西。过去民生艰苦，无法大鱼大肉，独多这种胆固醇低的精巧的食品，湮灭了实在太可惜了。

湮灭了食物虽令人遗憾，但还不至于伤心动筋，湮灭了的情感或许才是让人真正抱憾的事。张爱玲一往情深的痴情，换来的只是离别。而对于胡兰成来说，后半生要靠在书写里寻迹或凭吊那段炙热的情感，又何尝不是一种离别？

胡兰成躲在乡下曾看到农人的生活惨象，连吃个东西都让他觉得惨："那样的贫穷，做人真是虚度年华。"

但是究竟要怎么过，才不是虚度年华？

张爱玲有一次看了汪曾祺《八千岁》里的草炉饼，遂回忆起了孤岛时期的上海小贩叫卖"草炉饼"的旧事："二次大战上海沦陷后天天有小贩叫卖：'马……草炉饼！'吴语'买''卖'同音'马'，'炒'音'草'，所以先当是'炒炉饼'，再也没想到有专烧茅草的火炉。卖饼的歌喉嘹亮，'马'字拖得极长，下一个字拔高，末了'炉饼'二字清脆迸跳，然后突然噎住。是一个年轻健壮的声音，与卖臭豆腐干的苍老沙哑的喉咙遥遥相对，都是好嗓子。卖馄饨的就一声不出，只敲梆子。馄饨是宵夜，晚上才有，臭豆腐干也要黄昏才出现，白天就是他一个人的天下。"

　　叫卖声传到了张爱玲与姑姑的闺房，但有心品尝却无心下楼去买，"有一天房客的女佣买了一块回来，一角蛋糕似的搁在厨房桌上的花漆桌布上。一尺阔的大圆烙饼上切下来的，不过不是薄饼，有一寸多高，上面也许略洒了点芝麻。显然不是炒年糕一样在锅里炒的，不会是'炒炉饼'。再也想不出是个什么字，除非是'燥'？其实'燥炉'根本不通，火炉还有不干燥的？"

　　到了战后，此物即消失了。有一次张爱玲在街上碰见过一次，"小贩臂上挽着的篮子里盖着布，掀开一角露出烙痕斑斑点点的大饼，饼面微黄，也许一叠有两三只。白布洗成了匀净的深灰色，看着有点恶心"。

　　只是，如今，张爱玲再忆起"马……草炉饼"的呼声，"还是单纯的甜润悦耳，完全忘了那黑瘦得异样的人。至少就我而言，这是那时代的'上海之音'，周璇、姚莉的流行歌只是邻家无线电的噪音，背景音乐，不是主题歌"。

　　此时，此地，张爱玲还在惦记着一向待她不大好的姑姑曾给她买过"草炉饼"，她就手撕了一块吃了，无味，无谓，只是不知道姑姑当时吃了没有。

总觉得张爱玲的这种怀旧的文章有些"画饼充饥"的意蕴，只是"画饼"哪里能够充饥呢？但张爱玲又哪里是"画饼"，分明画的是一张张她走过的图像，清晰，如昨。

还是喜欢张爱玲在 1974 年 6 月底的一个夜晚招待上门来访的朋友们的情景："在几只二百烛光的灯泡照耀下，张爱玲的房间亮如白昼。她让我们坐在客厅小桌旁的两张木椅子上，然后忙着张罗泡咖啡，舀冰激凌，要招待两个人，她好不容易才凑足碗、匙和杯子。……注意到我新戴的眼镜，她很关心，说是戴了眼镜让人看起来感觉有距离。因此，我一面努力用汤匙吃那满满一碗杏仁奶油冰激凌，一面不着痕迹地摘下眼镜收了起来。这使她很高兴。"

不知不觉，他们谈论到了凌晨 3 点。那样的场面，那样的忙活，那样的真挚，让人觉得，那才是人间烟火。

那一天，张爱玲还对着家族照片讲述着历历往事，令人神往，令人着迷。家族的人，尤其是那些久远的长辈，对于张爱玲来说，到底意味着什么呢？

她说：她爱他们，他们不干涉她，只静静地躺在她血液里，在她死的时候再死一次。

——《小团圆》

她说：我没赶上看见他们，所以跟他们的关系仅只是属于彼此，一种沉默的无条件的支持，看似无用，无效，却是我最需要的。他们只静静地躺在我的血液里，等我死的时候再死一次。

我爱他们。

——《对照记》

有一次，我在机场偶遇对张爱玲研究倾注心血的学者陈子善先生，说起了张爱玲与张充和。她俩都与合肥有关，都与李鸿章有关，又都是出生在上海同一条街上。她们的祖父曾经都是京城的清流派，她们的祖辈都与中法战争有关，她们后来都去了美国，都曾在伯克利加州大学工作过。她们都嫁给了洋人。她们在海外同样都以文怀念着故国食物的美好和温馨。只是她们的命运截然不同。陈子善先生淡淡地说，是啊，毕竟性格不同。

"描就春痕无著处，最怜泡影身家。""愿为波底蝶，随意到天涯。"总觉得这样的诗句还是适于两位中国女士的。

最后我去看了汪曾祺对于"草炉饼"的描述："这种烧饼是一箩到底的粗面做的，做蒂子只涂很少一点油，没有什么层，因为是贴在吊炉里用一把稻草烘熟的，故名草炉烧饼，以别于在桶状的炭炉中烤出的加料插酥的'桶炉烧饼'。"问了苏中地区一些友人，说这种饼还在，但做法不传统了，味道也不同了。

看来只能"画饼充饥"了。

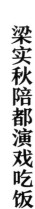

梁实秋陪都演戏吃饭

抗战时期，要吃顿荤菜并非容易的事，相信梁实秋在那时的重庆还会怀念青岛的酱汁鱼。

1937年盛夏之际，北平沦陷后，知识分子纷纷撤离。梁实秋得知自己也上了日本人的"黑名单"，遂及时与友人先撤到天津，后来又到了南京。兵荒马乱，人心惶惶。临离开北平时，梁实秋特地写下了遗嘱，以备不测。

在南京，教育部发给梁实秋二百元钱和一张去岳阳的船票，就这样他开始了逃难之旅。"留滞才难尽，艰危气益增。图南未可料，变化有鲲鹏。"乱世羁旅，梁实秋以杜甫诗句勉励自己，一路前行，经汉口，到重庆。

在重庆，受教育部的委任，梁实秋担任教科书组主任，任务是编印一套教科书，包括国文、历史、地理、公民等，以供战时后方使用。此时，梁实秋发现，编教科书不是容易的事："中小学教科书的编辑很需要技巧，不是任何学者都可以率尔操觚的。因为编教科书，一方面需要学识，一方面也要通教育心理，在编排取舍之间才能合用。越是低级的教科书，越难编写。"或许正是考虑是战时使用的教材，梁实秋更是为之倾心，在罗致编辑人才时也是颇费心思，为此还把先前杨振声、沈从文、吴晗等人编写的教科书拿来借鉴并看看是否可以使用，最后还是决定"另起炉灶"。当抗战形势好转时，王云五看中了梁实秋编辑教科书的本事，特地请他再编辑一套战后使用的教科书。为此，梁实秋特地邀请了对他们所编教材最挑剔的文学家执笔国文，没想到一个月后，这位"批评家"就把预支的稿费退回来了，说无法胜任。可见编教材的不易。可惜的是，梁实秋后来编辑的一套教材在战后就被束之高阁了。

战时的重庆，总是充满着变动。教育机构不时出现合并，梁实秋的职位也从教科书组主任到了社会组兼任翻译委员会主任，主管编写民众读物及剧本。"所谓民众读物就是通俗的小册子，包括鼓词、歌谣、相声、小说之类，以宣扬中国文化及鼓励爱国打击日寇为主旨。在这方面，我们完成了二百多种，大量印发各地民众教育机构。不知道这算不算'抗战文艺'，大概宣传价值大于文艺价值，现在事过境迁，没有人再肯过问这种作品了。"

编译馆除正常翻译书外，还积极组织劳军演出。演出过法国名剧《天网》，露天演出，在北碚民众会场，效果大好。还演过平剧、京剧和昆曲。有一次演出京剧《九更天》和昆曲《刺虎》，前者讲述宋代一个义仆为救主历尽磨难而最终使冤案得以平申的故事，并有文天祥精彩断案情节，颇有看头；后者则是明亡之后宫娥刺杀李闯王大将"一只虎"的情节，颇有抗敌气氛和意蕴。两出戏都是名角担纲，很是精彩。

在两剧之间则有老舍与梁实秋的两段相声，这应该是梁实秋第一次上台说相声。他的回忆是："这是老舍自告奋勇的。蒙他选中了我做搭档，头一晚他'逗哏'我'捧哏'，第二晚我逗他捧。事实上挂头牌的当然应该是他。他对相声特别有研究，在北平长大的谁没有听过焦德海草上飞？但是能把相声全本大套地背诵下来则并非易事。如果我不答应上台，他即不肯露演，我为了劳军只好勉强同意。老舍嘱咐我说：'说相声第一要沉得住气，放出一副冷面孔，永远不许笑，而且要控制住观众的注意力，用干净利落的口齿在说到紧要处使出全副气力斩钉截铁一般迸出一句俏皮话，则全场必定爆出一片彩声哄堂大笑，用句术语来说，这叫作'皮儿薄'，言其一戳即破。'我听了之后，连连辞谢说：'我办不了，我的皮儿不薄。'他说：'不要紧，咱们练着瞧。'于是他把词儿写出来，一段是《新洪羊洞》，一段是《一家六口》，这都是老相声，谁都听过。相声这玩意儿不嫌其老，越是经过千锤百炼的玩意儿越惹人喜欢。……据他看相声已到了至善至美的境界，不可稍有损益。是我坚决要求，他才同意在用折扇敲头的时候，只要略为比画而无须真打。我们认真地排练了好多次。到了上演的那一天，我们走到台的前边，泥雕木塑一般绷着脸肃立片刻，观众已经笑不可抑，……该用折扇敲头的时候，老舍不知是一时激动忘形，还是有意违反诺言，抡起大折扇狠狠地向我打来，我看来势不善，向后一闪，折扇正好打落了我的眼镜，说时迟，那时快，我手掌向上两手平伸，正好托住那落下来的眼镜，我保持那个姿势不动，彩声历久不绝，有人以为这是一手绝活儿，还高呼：'再来一回！'"

在两人的对口相声节目之后即是张充和女士的《刺虎》。而且名票张充和也是由梁实秋出面邀请的："'国立礼乐馆'的张充和女士多才多艺，由我出面邀请，会同编译馆的姜作栋先生（名伶钱金福的弟子），合演一出'刺虎'，唱做之佳至今令人不能忘。"

很多年过去了，在美国的张充和女士还惦记着那次滑稽、温馨的演出："当时教育部新成立了个礼乐馆，在北碚。要唱戏，劳军演出，重庆的人都要下来帮忙。那次演出是教育部组织的，梁实秋、老舍当时在编译馆做事，答应两人要出一个相声；"中央研究院"物理所所长是丁西林，也懂音乐，他们负责搭台、装灯；我呢，就负责给唱戏的找配角。那场演出很盛大，来北碚的人很多，住不下的人都挤在礼乐馆里。那晚我演《刺虎》，正在后台化妆，梁实秋和老舍在边上练相声，一边练一边大笑，我就要他们先讲给我听听。老舍写相声很在行的，又是老北京，所以他是主角——逗哏的，梁实秋是捧哏的。排练时，有一个老舍举着扇子要打的动作，梁实秋说：'你到时别真打，比比样子就好。'结果到了台上表演，说到兴头上，老舍的扇子一挥，真的就打过来了，梁实秋没有防备，这一打就把他眼镜打飞了！梁实秋手疾眼快，一手就把眼镜接住了。下面掌声大作，以为是他们俩故意设计好的，就大叫：'安可（再来一次）！安可！'他们俩相对哈哈大笑，相声讲不下去啦……"

后来张充和女士到访台湾，还与梁实秋回忆那场趣事，并做了录音。梁实秋曾说过，他的相声诀窍是老舍教的，很受用。再后来，张充和女士把录音和当时与老舍的合影一并赠给了老舍之子舒乙。

老舍曾忆起重庆北碚："这是个理想的住家的地方，具体而微的，凡是大都市应有的东西，它也都有，它的安静与清洁又远非重庆可比。"

当时的老舍与夫人胡絜青带着三个孩子在重庆艰难生活，

因居所鼠患严重，被他戏称为"多鼠斋"。他的《四世同堂》正是在北碚开始起笔的。也正是在北碚，老舍写出了不一样的诗句："抗战今开第五年，男儿志在复幽燕。金陵纵有降臣表，铁甲终辉国士天。"

因为营养不良，老舍全家人几乎都有不同程度的疾病。当时，全家收入几乎都靠着老舍的稿费，据说每1000字可以换14斤平价米，3000字可换2斤猪肉。老舍子女还记得："平价米就是夹杂有麦子、沙子等杂物的米，质量非常差。"

当时公教人员每口每月二斗米，领米环节也颇曲折、迂回，为示公平也是费尽心机。"每次看到大家领米，有持洗脸盆的，有拿铁桶的，有用枕头套的，分别负米而去，景象非常热闹。为五斗米折腰，不得不耳。米多稗及碎石，也未便深责了。"

当然，虽然战时物资匮乏，但有时也会苦中觅食。梁实秋曾说过："饮食之人"无论到了什么地方总是不能忘情口腹之欲。之前他曾吃过各地的火腿，尤以上海的为佳：每经大马路，辄至天福市得熟火腿四角钱，店员以利刃切成薄片，瘦肉鲜明似火，肥肉依稀透明，佐酒下饭为无上妙品。至今思之犹有余香。

有一次，教育部官员张道藩先生召饮手下梁实秋一班人去重庆留春坞，乱世中火腿之宴，令梁实秋难忘："留春坞是云南馆子。云南的食物产品，无论是萝卜或是白菜都异常硕大，猪腿亦不例外。故云腿通常均较金华火腿为壮观，脂多肉厚，虽香味稍逊，但是做叉烧火腿则特别出色。留春坞的叉烧火腿，大厚片烤熟夹面包，丰腴适口，较湖南馆子的蜜汁火腿似乎犹胜一筹。"

梁实秋出生并长于北平，他深有体会地写道：从前北方人不懂吃火腿，嫌火腿有一股陈腐的油腻涩味，也许是不善处理，把"滴油"一部分未加削裁就吃下去了，当然会吃得舌矫不能下，好像舌头要粘住上膛一样。有些北方人见了火腿就发怵，总觉得没有清酱肉爽口。后来许多北方人也能欣赏火腿，不过火腿究竟是南货，在北方不是顶流行的食物。道地的北方餐馆做菜配料，绝无使用火腿，永远是清酱肉。事实上，清酱肉也的确很好，我每次作江南游总是携带几方清酱肉，分馈亲友，无不赞美。只是清酱肉要输火腿特有的一段香。

要知道，梁实秋的籍贯是盛产火腿的浙江。但他说："金华本地常吃不到好的火腿，上品均已行销各地。"

直到去了台湾很多年，梁实秋还是怀念大陆的火腿："台湾气候太热，不适于制作火腿，但有不少人仿制，结果不是粗制滥造，便是腌晒不足急于发售，带有死尸味；幸而无尸臭，亦是一味死咸，与'家乡肉'无殊。"直到有一次他遇到了真正的金华火腿，顿时令他胃口大开，大快朵颐。

梁实秋笔下的美食千百种，但似乎能令他记忆深刻的也不过是人生中与挚友们的那几顿饭吧。譬如青岛教学时期的"酒中八仙"宴，在座的有杨振声、闻一多、方令孺、刘康甫等名家，下酒菜有爆双脆、锅烧鸡、佘西施舌、酱汁鱼、烩鸡皮、瓦块鱼等，很多年后他对那时的场景还能如数家珍。

梁实秋的《雅舍谈吃》风行一时，所谓"雅舍"即梁实秋在重庆北碚半山腰与友人合买的这几间房子，据说当时为了邮递方便，采用了友人夫人龚业雅的名字。梁实秋说："六间房，可以分为三个单元，各有房门对外出入，是标准的四川乡下的低级茅舍。窗户要糊纸，墙是竹篾糊泥刷灰，地板颤悠悠的吱吱作响。"但这里常常有友人雅聚，便平添了文雅和意蕴。冰心曾说梁实秋最像一朵花，色、香、味，才、情、趣皆备。

在小小"雅舍"里，梁实秋继续着他的散文写作，继续着他对莎士比亚的翻译。他曾写道："我住'雅舍'一日，'雅舍'即一日为我所有。即使此一日亦不能算是我有，至少此一日'雅舍'所能给予之苦辣酸甜，我实躬受亲尝。"

忽然想到了梁实秋后来翻译的句子："过一阵独居自返的生活。理性的特征便是：'对于自己的正当行为及其所产生的宁静和平而怡然自得。'"

抗战胜利后，梁实秋回到北平，依旧继续着他"宁静和平而怡然自得"的雅舍生活，只是不知道他是否又再次遇到了会做菜的张充和女士。

汪曾祺记得抗战后曾吃过张充和做的菜："她做的菜我大都忘了，只记得她做的'十香菜'。'十香菜'，苏州人过年吃的常菜耳，只是用十种咸菜丝，分别炒出，置于一盘。但是充和所制，切得极细，精致绝伦，冷冻之后，于鱼肉饫饱之余上桌，拈箸入口，香留齿颊！"

如今，这道官名"什锦菜"的菜式依然传承在张充和的老家苏州九如巷，每年春节张充和的五弟媳周孝华女士都会制作分赠家人和朋友品尝，细细品味可发现其中有胡萝卜、金针菇、木耳、冬笋、豆芽、千张等，前提是要切得很细，且不会过咸，甚至带点甜味，可以佐餐、就粥，也可以开胃、饮茶。

由此想到了梁实秋谈到的与火腿有关的另一道菜：龙须菜。在上海初次尝到火腿丝炒新鲜龙须菜，嫩嫩的细细的绿绿的龙须菜配上红红的火腿丝，色彩鲜明，其味奇佳。

龙须菜据说就是一种野芦笋，《本草纲目》载："龙须菜，生东南海边石上。丛生无枝，叶状如柳，根须长者尺余，白色。以醋浸食之，和肉蒸食亦佳。"龙须菜因不含脂肪，有山珍"瘦物"之美称，可谓是现代女性的最佳食物。梁实秋掌握着几种烹制龙须菜的方法，难怪看他身材一直保持得很好。

贵公子用餐

　　邵洵美喜欢吃大闸蟹，还邀请项美丽到家里享用阳澄湖大闸蟹。

　　这个故事先从美国女作家项美丽的一本小书《潘先生》（王京芳译，新星出版社）开始。项美丽是一位集美丽与才华于一身的女性，她于20世纪30年代来到中国，翻译过沈从文的《边城》和毛泽东的《论持久战》，创作过《宋氏三姐妹》《中国与我》，还有一本纪实小说《潘先生》，其中的男主角原型就是中国文人邵洵美。

　　邵洵美在文坛上似乎不是太有名气，他的夫人盛佩玉很有名，是晚清重臣、邮传部尚书盛宣怀的孙女。盛宣怀的财富据说富可敌国，可是到底有多少钱也没有人知道，四大园林之一苏州留园就是他们家的私家花园，其后代跟着他当然有享不尽的荣华富贵。只是后来时代变化，盛家也逐渐走入没落。盛佩玉后来过的贫困日子简直不堪想象。

门当户对。邵洵美与盛佩玉的婚姻当然是门当户对的组合。邵洵美的祖父为大清权臣邵友濂。邵家与李鸿章家族、盛宣怀也都有姻亲。邵洵美与盛佩玉就是表姐弟关系。邵洵美继承了家中的财富，后来他办杂志，组织翻译和出版事业，几乎都是拿祖产去补贴的。再加上此人乐善好施，有"文坛孟尝君"美誉。所以，家中的财务状况是一天不如一天。

年轻时候的邵洵美可谓是潇洒自如，项美丽是在中国餐馆"一品香"的一次宴会上认识邵洵美的。"皮肤白皙，像游魂一样，蓄着几绺中国胡子，身穿棕色长衫，眼睛长狭，眼神恍惚，他会让最麻木的观光客目瞪口呆、气喘吁吁"。这是邵洵美留给项美丽的最初印象。

邵洵美是典型的中国富绅阶层的文人形象，他常常一连好几个星期在大饭店招待项美丽及她的朋友们。当时上海西藏路有一家赫赫有名的西餐馆兼旅馆，即"一品香"。这家名店从晚清时就开业了，还曾出现在晚清小说《海上繁华梦》中。邵洵美早期留学英国，生活也比较新式，在饭店舞会上，邵洵美还被外国友人点名表演了太极拳。这家餐厅以西餐和点心而著称，属虎的邵洵美每年生日都会让餐厅做一只真老虎大小的奶油蛋糕，摆在橱窗展示，并与中外友人一起欢庆生日。

有一年，英国文豪萧伯纳来访中国，说明不吃荤菜。邵洵美作为世界笔会的中国秘书负责接待工作，于是就在上海最有名的素菜馆"功德林"摆了一桌全素宴。当时用掉了四十六块银圆，全是邵洵美自掏腰包的，要知道这些钱在当时够普通人家吃半年的。可是在新闻报道中只提到了吃饭的人，如蔡元培、宋庆龄、鲁迅、杨杏佛、林语堂，恰恰少了请客买单的邵洵美。这些事是很多年后邵洵美亲口向好友作家贾植芳述说的。

邵洵美与盛佩玉的婚姻一度成为一段美谈，两人亲上加亲，青梅竹马，可谓是美满姻缘。但因为项美丽的到来，两人的婚姻则更是充满着传奇色彩。项美丽眼中的盛佩玉是大家闺秀的形象："个子矮小，很漂亮，她似乎对自己的美丽一无所知。她认为自己是个端庄传统的主妇，因为她已经有五个孩子，不过如果让我猜她的年龄，我看至多只有二十岁。"盛佩玉知书达理，疼爱丈夫，就连丈夫与外国女性传出绯闻她似乎也没有公开表现过怒色。她还大方地邀请项美丽到家里长住。项美丽说："我很同情她，她这么年轻、柔顺，禁闭在首饰盒一样的屋子里。"

有一次，项美丽在邵家享用了一顿苏州阳澄湖大闸蟹。须知，早在民国时期，此物就已经大行高档饭店和富人餐桌了。记得章太炎夫人汤国梨写过一首诗："若非阳澄湖蟹好，此生何必居苏州。"可知此物对于吃货的影响力。但是项美丽第一次吃到，就闹出了大意外。"从小贩手里买来的活螃蟹，放在沸水里煮，就像龙虾，然后用科学的方法掰下蟹爪，开始大快朵颐。螃蟹味道鲜美，食客几乎要把自己的牙齿和手指吃下去。"项美丽应该是听了邵洵美的介绍，说此物极鲜美，鲜得要把牙齿和手指一起吃掉。还有一句话说，鲜得眉毛都要脱落了。项美丽一口气吃了三只大螃蟹，按说是超标了，或者她吃的方式不对，吃到了有寒气的部位，反正她吃完就病了。当时她坚持要回家去，邵洵美和盛佩玉都极力挽留她留宿，并让佣人备床照顾她。但佣人们大喊大叫，说外国人吃了螃蟹是会死亡的，应该趁着她还活着赶紧把她丢出去，丢到背街小巷里去。邵洵美当然不肯这么做，盛佩玉甚至要请她住在自己的房间。

在此可以说说吃螃蟹到底有无致命危险。据孟诜《食疗本草》载："蟹虽消食、治胃气、理经络，然腹中有毒，中之或致死。急取大黄、紫苏、冬瓜汁解之。"又说："蟹目相向者不可食。"又说："（蟹）不可与柿子同食。发霍泻。"这倒是真事，有一次我爱人食用了太湖蟹后又食柿子，只吃了一个，就连续腹泻多次。又据清代词人朱彝尊在《食宪鸿秘》中引述陶隐居云：
"蟹未被霜者，甚有毒，以其食水莨也。人或中之，不即疗则
多死。至八月，腹内有稻芒，食之无毒。"鲁迅曾说"第一个
吃螃蟹的人是很可佩服的，不是勇士谁敢去吃它呢？"鲁迅本
人居住在上海时也曾多次以大闸蟹招待中外好友。话说李白、
苏东坡也都曾赋诗赞美螃蟹之味鲜。由此可知，自古以来吃螃
蟹是存在的，但是吃螃蟹也是有禁忌的。苏州每年都会选在秋
风起时开捕大闸蟹，并说中秋之后，尤其是西北风刮起之时的
深秋，才是蟹肥膏美且食用安全的季节。常人食用时佐以黄酒，
并蘸调料，其中有醋、姜丝、话梅等。在这方面，元代大画家
倪云林是个吃家，他食蟹有一个方子："用姜、紫苏、橘皮、
盐同煮。才大沸便翻，再一大沸便啖。凡旋煮旋啖，则热而妙。
啖已再煮。捣橙齑、醋供。"古代画家似乎没有几个不是"吃货"，
所谓文食不分家。

接着说项美丽食蟹后病在邵家，晚上与盛佩玉同眠一室，
邵洵美只能去楼下睡沙发垫了。第二天，项美丽病愈，不大会
英文的盛佩玉还是不放心，催着丈夫帮忙翻译对话，她关心地
问项美丽饿了吗。后来两人一度成为好友，项美丽还为她介绍
按摩师做按摩。

历史倏忽来到了1960年，三年严重困难时期，邵洵美作为

"帝特嫌疑"被捕入狱，之前鲁迅还曾说他是"做了富翁家女婿换来的"，又说邵洵美的文章是"捐班"，即代笔。这些对邵洵美都有一定的不良影响。入狱后，邵洵美对狱友贾植芳做了特别的解释，说此事是天大的误会，并拜托贾植芳有机会帮忙说明为好，否则他是死不瞑目了。

在狱中，吃饭成了大问题，贾植芳浑身浮肿，在患病时所享受的药方也不过就是几顿"高蛋白"，即黄豆芽和豆腐之类的豆制品，偶尔有几片油煎带鱼，已经算是打牙祭了。后来又入"休养监"，在三顿简餐之外给加一个"巧克力馒头"，是由高粱粉、玉米粉、花生壳混合成的一种食品。几天后贾植芳被押回第一看守所，在一间监房里他发现只有一个体弱的老人蜷缩在一个角落，在确认管理人员走远后，那人小声地说："我们不是在韩侍桁家吃过螃蟹吗？"贾植芳定睛一看，正是见过几面吃过两顿饭的贵公子邵洵美。

1952 年，文艺批评家韩侍桁在上海南京路新雅酒家宴请《红与黑》的译者罗玉君，作陪人中即有邵洵美。身材高大、白润的长脸、高挺的大鼻子，穿着中式丝绸服饰，落拓不羁，泰然自若，完全一副贵公子的派头。还有一次，在韩侍桁家吃大闸蟹，邵洵美也是半途中撞进来入座就食。在项美丽的印象中，他似乎总是姗姗来迟。无论如何，贾植芳很难把眼前这个枯瘦的老头儿与昔日神气的邵洵美相为联系。

其实一想到这里恶劣的环境和不堪的饮食，也就不足为奇了。大家都是挣扎在饥饿线上。早晚两顿稀饭，汤汤水水、烂菜皮，米粒儿多少可以数得出来。午餐是干饭，也是菜皮烂饭，连筷子都挑不起来。犯人们用铁皮盒子装回干饭，再倒进备好的搪瓷杯子里，一点点地吃，吃到一半，再把饭包好，小心地包在各自棉被里，留到肚皮叫的时候再吃。但是有一个人却不是这样，他就是邵洵美。贾植芳先生在回忆录中写道："邵洵美并不听从大家的好意劝告，几乎每餐饭都一下子吃光、刮光。他一再气喘吁吁地说：'我实在熬不落了！'"其实早在17岁那年，邵洵美就因为牵涉到与外国女孩的恋情而受冤入狱，但当时他自称他怕祖母胜过于怕法律。在狱中，他可以很自由，尤其是不缺吃的，想吃什么尽管让家人随时送进来，估计蛋糕、螃蟹都可以，反正他家里可以托人通后门，随时把他"捞"出来。

但这一次却不同了，邵洵美在狱中一直很饿，一口气吃光了配额的饭还是觉得饿。此时的他只能想想昔日在"一品香"的潇洒日子，想想那只他订制的奶油大老虎，在玻璃橱窗里风光地摆放着，四周闪耀着红红绿绿的彩色电灯，如梦如幻，如幻如梦。

在牢内，邵洵美还患上了严重的哮喘病，一说话就喘，但他常常抢着干活，一干活就更喘了，狱友们戏称他是"老拖拉机"。等他在1962年被无罪释放时，盛佩玉已经认不出丈夫了，"见到他，可怜他的身体真所谓骨瘦如柴，皮肤白得像洋人"。邵洵美也写诗道："小别居然非永诀，回家已是隔世人。"盛佩玉依旧是爱他的，说能回来就好了，不怨天、不怨地。

但是在匆匆见面之后又要分别，房子被没收，连睡觉的床都没有了。邵洵美借住在长子狭小的家中，盛佩玉去南京女儿家寄住。知道丈夫缺乏营养，盛佩玉不时地从南京寄来几只鸭胗鸭肝给邵洵美打打牙祭，但邵洵美往往都要吃上好几个月。想想1957年时，邵洵美为了给好友陆小曼（邵洵美与徐志摩是至交）办一次生日宴，把家中珍藏的"姚江邵氏图书珍藏"寿山石印章都拿去变卖了，换了几桌酒菜义助亡友遗孀。

1968年，邵洵美在贫病交加中去世，终年62岁，走时还欠了医院、公社和私人好几笔钱。此时项美丽已经离开中国25年。

忽然想到项美丽所写的《潘先生》的一段情节，说项美丽雇了一个中国厨子青莲，因为他擅长制作美味的布丁和蛋糕，颇受项美丽的欣赏。邵洵美常常来吃青莲做的蛋糕和美食，项美丽为此还把青莲的妻子也一并雇了。但有一次，项美丽的一枚翡翠戒指丢了，怀疑是青莲偷的，并托邵洵美前来查案。可是邵洵美嘴里吃着青莲做的蛋糕，一副悠然的态度对项美丽说

"他说不是他偷的"，意思是此案不了了之算了，要知道邵家也经常发生这种事，最后也是如此。项美丽有些愠怒，但也很无奈。

记得邵洵美的女儿也曾回忆说在项美丽家吃过美味的蛋糕。爱吃蛋糕的邵洵美使人想到了他的性格特征。心理学家说，爱吃甜食的人具有亲和力与奉献精神。还有人说爱吃甜食的人心地善良，心里住着一个菩萨。同样爱吃甜食并获得邵洵美资助的作家沈从文曾评价过邵洵美的诗歌："以官能的颂歌那样感情写成他的诗作，赞美生，赞美爱，然而显出唯美派人生的享乐，对于现世的夸张的贪恋，对于现世又仍然看到空虚。"应该说沈从文还是能够理解邵洵美的诗思的。不过我还是喜欢作家施蛰存对于邵洵美的评价："洵美是个好人，富而不骄，贫而不丐。"

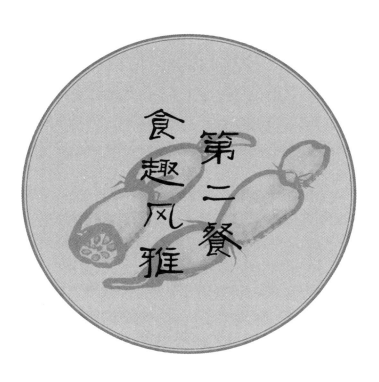

第二餐
食趣风雅

张家四姐妹的零食

　　张家四姊妹小时候都喜欢吃油炸玉兰花，那种感觉就像是苏州零食油炸慈姑片。

　　1931 年的秋天，汪曾祺的家乡高邮发了水灾，各种农作物减产，只有一种东西丰收，就是慈姑。那一年，汪家饭桌上频繁出现慈姑，连慈姑嘴子一起烧，一下子让汪曾祺吃"伤"了，三四十年就没再碰过慈姑。

　　直到很多年后，他去老师沈从文家拜年，留下吃饭，师母张兆和端出了一盘慈姑肉片。淡淡热气中，沈从文夹了两筷子慈姑片，抿在嘴里慢慢嚼着，"窄而霉"小斋房里一下子温暖起来。沈从文招呼学生汪曾祺吃："这个好！格比土豆高。"

汪一下子被点拨到了什么，"格高"，这不正是老师的语言风格吗？雪白的慈姑片经过油炒后，略呈鹅黄，肉片附在其中，像是附在鹅黄的玉片上，慈姑嚼在嘴里，不脆也不糯，质地中性，入口清香。

湘西的山水、吊脚楼、木船、翠翠、虎耳草，在"二哥"沈从文的笔下游走飞腾，无一不展示了其中内在的"格"。只是早期的沈从文并不怎么出去吃饭，因为没钱。1924 年冬，沈从文陷入极度困境，给郁达夫写了一封信求助。郁达夫正好也不得志，但他不相信这个世界上还会有比自己更惨的人，于是冒着风雪去见沈从文。一身单衣，眼神迷离，在煤棚中立着，他饿了。郁达夫解下羊毛围脖给沈从文围上，他们去了北京西单牌楼附近的"四如春"饭馆吃了一顿，临走时郁达夫把剩余的三块多钱都送给了沈从文。之后，郁达夫在报纸上为沈从文鸣不平，并为他介绍了工作。

或许正是这顿饭，让沈从文有机会日后进入大学执教，大着胆子去追求系出名门的"三姐"张兆和。

叶圣陶说："九如巷张家的四个才女，谁娶了她们都会幸福一辈子。"他更是把自家女儿叶至美送进了张家私立的乐益女中。沈从文莽撞地闯进九如巷，张家小五子张寰和的一瓶汽水给了他无穷的动力，直到追到了心仪已久的"三三"，还是视若珍物。沈从文惜福，太太做什么菜他都吃得顺口顺心。

抗战初期，张兆和拉扯着两个孩子在北平，沈从文乔装打扮混入人群逃往南方，此后"两地书"开始。张兆和说，就凭"二哥"这些信，她也算是全北平最富有的人。

汪曾祺是沈从文最看重的高足，曾放言说"他的小说写得比我好"。汪曾祺最艰难的时候，想到了自杀，沈从文写信斥责："没出息！你手里有一支笔，怕什么！"但骂归骂，骂完了还是让张兆和去封信安慰下。

自从在老师家吃了一顿慈姑烧肉后，汪曾祺就重拾起慈姑情结。出去买菜，总会想法子买点慈姑回家，就算价格贵点也要买，自己烧着吃，尤其是那碗带着家乡味道的咸菜慈姑汤。

《本草纲目》载："慈姑一株多产十二子，如慈姑之乳诸子，故以名之。"其功效"达肾气、健脾胃、止泻痢、化痰、润皮毛"。又因叶为燕尾，称"燕尾草"，民间有"内火旺喝碗慈姑汤"的说法。

不过，张家姐妹吃慈姑并不限于烹炒。小时候，住在苏州寿宁弄的张家姐妹，最喜欢吃的是炸制的慈姑片，不用放任何作料，松脆香甜，撒点盐味道更佳。

有一次我去北京拜访周有光老先生，先生刚过108岁生日，他是张家二姐允和的夫君，张家五子媳妇周孝华托我带两样东西，一样是津津牌玫瑰腐乳，一样就是炸制的慈姑片。

慈姑这东西很多地方都有，如苏北、苏中、广西地区也有，但以苏州最著名，忝列"水八仙"，以"苏州黄"品种为上。苏南大开发，很多地方成了外商的工厂，慈姑种植的面积一减再减，在苏州园区与甪直古镇搭界处尚有一块慈姑田，夏秋时节常见农人打理，冬季上市，成为元旦新年时令菜。

慈姑的生长不声不响，很多苏州人都不大认识这种水生植物，不少诗人倒没忽视它的美。如：唐时张潮的"茨菰（即慈姑）叶烂别西湾，莲子花开不见还"；明时孙承宗的"野水茨菰花，西湾春复老"。

慈姑天生带着苦涩，小孩子不大爱吃，但炸制的慈姑却是一代人的零食，毕竟那时没有这么多薯片、饼干、萨其马。张家四姐妹的名字分别为元和、允和、兆和、充和，很多人写文章时都会搞错，就连她们的老师胡山源都错把充和当成了允和，以为她嫁给了周有光。元和爱昆曲，嫁给了"传"字辈首席小生顾传玠，她从家里带的陈干干很会烧鲫鱼萝卜丝，用文火在砂锅里将鱼和萝卜丝焖熟，鲫鱼的鲜味充分渗入到萝卜丝里，鱼嫩丝烂，回味悠长。

允和嫁给了语言学家、文字学家周有光，很多人介绍他时图省事说，就是他发明了拼音识字法，此说不错。但周有光的本事远不止这些，他的金融本业常常被人忽视。允和爱文学，曾编辑《苏州明报》的妇女副刊，文章写得清新有力。她曾回忆：寿宁弄的大宅院内有紫玉兰、白玉兰两棵古树，刚有一点春信，就开了满树的花，但姐妹们不急着赏花，而是把花瓣捡拾起来，让伙房的厨子放在油锅里炸，紫的，白的，在油锅里游弋，捞起来晾干，吃到嘴里干脆清香，"像慈姑片一样，又脆又香"。

兆和的文学功底几乎全被夫君沈从文"覆盖"了，不过沈从文写求爱信没少费劲，几乎连命都不要了，弄得兆和进退不得，兆和从小善良，明明是男方多情求爱，她倒内疚得不行。胡同里常有姑嫂推车来卖白糖糕，苏州的白糖糕清甜爽口，富有韧性，有的还加点香雪海的桂花，可谓锦上添花。有一次，听嫂嫂说，小姑子经常在婆婆面前戳她的瘪脚，她卖完糕还要挨骂受气，从那之后兆和就只买嫂嫂的糕，不买小姑的糕。结果常常买多了，吃不了，就顺手放进大弟的推车里，但还是被佣人发现告到母亲那里，为此受了不少罚。但据她说，每次罚完了都会有一串糖葫芦等着她。

不过，她最喜欢吃的还是寿宁弄里的核桃、杏子、枣子和柿子。张宅大花厅里是她们姐妹的家庭课堂，上课时竖起耳朵听窗外果子落地的声音，然后相互会心一笑，下课就去捡拾来吃。杏子是荷包杏子，又大又甜。柿子未成熟时就被她们摘下来，请厨子帮忙，用芝麻秸插在上面，算是偏方"催熟"，但糖分和柿味不减，等上个几天，就能吃到甜软的红柿子了。

充和的书法和昆曲早已经在耶鲁大学开课。她嫁给了汉学家傅汉思，1949 年随夫赴美后，张充和在家里还是说汉语。不过，在合肥期间，她也常回到苏州，她最喜欢吃青豆烧童子鸡。青豆嫩嫩的，一股未成熟的清香，童子鸡之所以好吃，在于其有韧性，有嚼劲，骨头硬硬的，肉质很紧，卤汁渗进皮下组织，文火焖锅，掀开盖子，透着几分青春的味道，配上青豆，更是散发着雀跃的春意。充和回到家后，厨房顿顿都做青豆烧童子鸡，稍显浓烈的鸡块吃在嘴里，满口溢出香，夹几粒青豆咀嚼在齿间，爽口而开胃。

充和永远记得最后一次见母亲的情景：母亲与她同坐一辆洋车，在浓雾中穿行，母亲不时拿手帕为她拭去额前头发的雾水。到火车站后，她坐在窗前，母亲踮着脚望着她，依依惜别。

张家四姐妹关于零食的深刻记忆，与其说是因为零食美味，倒不如说是因为母亲短命，那个叫陆英的扬州大家闺秀只活了 36 岁。她留下了 9 个孩子，个个成才。

任何美食都不是仅有单纯的美味，其大多还附着亲情、爱情或是友情，吃什么不重要，关键是和谁吃，或是由谁来掌勺。

在外婆家，妈妈做的私房菜，回老家吃的第一顿饭……无一不是美味中蕴含着深厚的感情。

张家四姐妹的成才，多少得益于父亲张冀牖的功劳。大家族的公子哥，卖田产办女学，开明的思想使四姐妹受益不少。他吃饭时有个可爱的习惯，一碗白米饭吃完，一手掌碗，嘴角顺着碗边子蹭一遍。结果有几次不巧就碰到了带豁口的碗，他也不责怪佣人，一手擎碗，举高了，让它来个空中转体跌落在地，完美破碎。一旁的佣人张大嘴巴惊讶着说：不会吧，这么巧？

梅贻琦的抗日食味

西南联大时期，梅贻琦的夫人韩咏华约了几位教授家属一起动手，自制出一种"定胜糕"贴补家用。

1941年，战火炙热，清华大学南迁多年，梅贻琦也流落西南。他在纪念清华大学暨母校成立三十周年之际写下了这样的文字："母校成立，今年恰为三十周年。琦自一九〇九年（宣统元年），应母校第一次留美考试，被派赴美，自此即与清华发生关系，即受清华之多方培植。三十二年来，从未间断，以谓'生斯长斯，吾爱吾庐'之喻，琦于清华，正复如之。今日清华校园沦陷在敌骑之下，举校同人流离于西南边陲，勉强工作，北返无期，偶一回思，心伤靡已。值母校成立三十周年，允宜扩大庆祝，但国难校难，夫何庆祝可言！"

作为清华大学的当家人，梅贻琦不时奔走于贵州、云南、四川和重庆之间，筹集经费，鼓舞人心，加强联络，维持斯文。查询梅贻琦那个时期的日记可见他的忙碌和用心，他以为"则惟有吾辈工作之努力，作母校纪念之贡品"。

梅贻琦毕业于清华大学，后于 37 岁那年被推荐为清华大学教务长，42 岁时执掌校长职务。他说："为政不在言多，顾力行如何耳。"有人总结说，梅贻琦执掌清华后，一个明显的特点就是：省。他曾再三强调勤俭。对于数额巨大的庚子赔款，梅贻琦不但分文不取，相反还要勒紧裤腰带过日子。他辞去了司机，辞去了厨师，让梅夫人韩咏华亲自下厨，就连学校供应他本人的两吨煤也不要了。

抗战时期，梅贻琦屡屡提及经费紧张，他更是尽到了一个"守财奴"的本分。他说："让我管这个家，就得精打细算。"据郑天挺《梅贻琦与西南联大》一文回忆：抗战期间，物价上涨，供应短缺，西南联大同人生活极为清苦，形同乞丐。梅校长在常委会建议一定要保证全校师生不断粮，按月每户需有一石六斗米的实物，租车派人到邻近各县购运。此项工作异常艰苦、危险，幸而不久得到在行政部门工作的三校校友的支援，一直维持到抗战胜利。抗战期间清华组成服务社，用生产盈余补助清华同人生活。为顾念北大、南开同人皆在困境，梅贻琦年终送给大家相当于一个月工资的馈赠。梅贻琦的儿子梅祖彦回忆，抗战时父亲为了筹措资金，协调与中央政府和当地领导的关系，每年必须奔走重庆几次。"那时由昆明到重庆乘飞机是件难事，飞机说不定什么时候起飞，一天走不成，得第二天再来。"梅贻琦有一次返途中遭遇敌机轰炸加上阴雨天气，一连走了三个月才回到昆明。一次，梅贻琦去外地考察工作，当地政府款待。他在日记中写道："菜颇好，但馕肉馅者太多，未免靡费耳。"

有关梅贻琦节省的一个极致事例为梅夫人制糕叫卖，说的是梅校长家里日常开支困难，梅夫人以七成大米、三成糯米，加上白糖做成米糕，每天挎着篮子步行几十分钟到昆明老字号"冠生园"寄卖。韩咏华后来写的《同甘共苦四十年——记我所了解的梅贻琦》中提到抗战时期梅贻琦家在西南联大的艰苦生活，经常吃的是白饭拌辣椒，如果能吃到菠菜豆腐汤已是相当不错的待遇。"有人建议我们把炉子支在'冠生园'门口现做现卖，我碍于月涵的面子，没肯这样做。卖糕时我穿着蓝布褂子，自称姓韩而不说姓梅，尽管如此，还是谁都知道了梅校长的夫人挎篮卖'定胜糕'的事。"梅贻琦家离冠生园很远，韩咏华来回不舍得穿袜子，光脚穿皮鞋，脚都磨破了。

读梅贻琦战时日记，满纸都记着与吃有关的生活细节，从中可窥见艰难时期的馋念。如 1941 年 7 月 1 日，梅贻琦到达四川李庄，去赴一场学者之宴，在座者有董作宾、梁思成、李方桂、汤象龙等。天气湿热难耐，但好在桌上有美味可口的菜肴，又有馒头可食。午睡后，汤夫人又端出了"冰子"，顿时心清气凉了。这种"冰子"应该是一种简易的冰淇淋。7 月 4 日，温度不断升高，梅贻琦醒来打蚊子，两只手掌打得血红，不过幸好有凉食可用。中研院历史所学者的夫人们个个是烹饪好手，"午饭在李家吃凉水泡饭，晚董家备炸酱面，李太太又做凉粉一大盆，食来甚快……"

7 月 5 日，梅贻琦告别诸君下山往上坝去，李方桂、徐樱依依惜别，送了很远方才折回，"乱离之世，会聚为难，惜别之意，彼此共之也"。梅贻琦到达上坝营造学社，探望梁思成夫人林徽因病情，"徽因卧一行床，云前日因起床过劳，又有微烧。诸人劝勿多说话，乃稍久坐。临别伊再提及愿返昆明之意，但余深虑其不能速愈也"。午饭显然不能在梁家了，李济之家早就备好了美食。"午饭在李济之家食凉面，为湖北吃法，但无卤无汤，似不及平津之麻酱黄瓜加蒜汁为更有味。"湖北吃法估计即武汉凉面，或许与热干面相似，用的是银丝细面，开水捞出后，冷水镇凉沥干后，浇上麻油防止粘连并增加口感，然后放上火腿肠丝、海带丝、豆芽菜、酸豆角段、黄瓜丝、大豆菜丁等，再浇上芝麻酱、豆瓣酱、剁椒酱等，色彩诱人，口味上乘。这等美味在战时的偏安之地显然是难以吃到的。但是梅贻琦最怀念的还是北平、天津地区的炸酱面。这种怀念不仅仅是对食物旧味的追想，还有对回归古都的期待和盼望。

饭后，大家送梅贻琦一行，李家老太太也出来送行，"临别握手曰：江千一别。意外之意，不禁凄然"。

一路上梅贻琦豆浆稀饭、汤面、西餐，一周后到达大佛寺（凌云寺），乐山大佛巍峨于崖边，头与崖齐，甚为壮观。清华同学齐聚在经楼下设宴欢迎梅校长，三桌人皆为饱学之士。酒是当地的大曲，酒劲不小，罗常培在饭后即醉吐，梅贻琦也是微有醉意。但是梅贻琦还是汇报了清华大学的现状种种，以慰人心。几天后，梅贻琦做客罗念生家，吃到了一顿正宗的北方饺子，赞不绝口。饺子烹饪者正是罗夫人，她生于北平，善于厨艺，在与罗念生战后分别多日后终于在蜀地团聚，与此同时也带了这种久违的京都食味，难怪梅贻琦食后感慨不已。

7 月 16 日，梅贻琦到达白云庵游览古刹、山景，一路上考察历史，在卧云庵住下。午饭丰盛可口，还吃到了火锅，傍晚僧人送来了糖果盒，围炉饮茶，有效缓解了旅途疲劳，并驱走山间寒凉。次日凌晨，僧人领看日出和雪山，下山后又送茶包，梅贻琦婉拒并回赠 120 元善施。

7月27日，梅贻琦到达华西坝郭家食用了一顿丰盛的早点，有面包、牛油、鸡蛋、咖啡等。饭后游览武侯祠、昭烈陵等，途中突遭空袭警报，便赶紧就近躲避。敌机盘旋轰炸，危机四伏。直到解除警报才进城。在郭家稍息后食用西瓜汤面，后又匆匆见了其侄子、侄女，便及时离去。当晚到焦家巷36号孙怡荪家用饭，"饭酒皆不好，盖炸后临时沽来者"。

当然，这一路旅途虽然坎坷，但未尝没有美食可尝，同路的旅伴罗常培即在《蜀道难》中多有记述，如1941年6月在四川大来宾馆等车期间，大雨连连，还要躲警报，倒是风味没少吃，"每日三餐差不多都在本地小馆子，'成都味'饱尝过江豆花、甜咸烧白、麻婆豆腐、豆瓣鲢鱼等等川味"。除对风味留意外，罗常培还发现成都的饭店招牌也很有趣，"比如像'姑姑筵''哥哥传'之类，声名已经洋溢四川以外，自然用不着特别介绍了；就是像'不醉无归小酒家''忙休来''徐来'之类，先不用问他们的口味是否适口，单凭这几个招牌就够'吃饱饭，没事干'的骚人墨客流连半天的。甚至于一个卖豆浆的小铺也用'万里桥东豆乳家'七个字做招牌，未免雅得有点儿让人肉麻了。可惜我们来的时候，正赶上米珠薪桂的年头儿，'姑姑筵'一餐酒席就得四五百元，朋友们既然不敢轻易请客，我们更不敢贸然到这些地方去问津，倒是，26日中午，佩弦约我们和新从兰州回来的徐绍谷全家到名不雅而物甚美的'吴抄手'去领略本地风光，我们却非常得到实惠。不过一碗山大菇面索价三元二角，物虽美价未免欠廉了。此外很著名的'黄胖鸭'和'赖汤圆'，可惜没抽出工夫去领略一下"。查梅贻琦日记，以上为1941年7月26日事。

由此可见，几人一路品尝风味之时也会感慨囊中羞涩，如三人到达乐山牛华溪盐码头时，拉他们的车夫领着去附近一家名为"味腴"的小馆子吃午饭，梅贻琦、罗常培、郑天挺等四人点了三个菜，AA制，每人摊到了六块钱。车夫们则都是吃"帽儿头"的大碗饭，"另外有菜有汤，每人只出两块钱；两下里的收入和消费恰成反比，难怪有人要叹息'十年寒窗不如一辆胶皮'了"。只是他们花的钱属于"私帑"，也就坦然无谓了。罗常培为此感慨，他们途中逛了几天峨眉山，发现庙里的两餐饭都是不议价的二十元，"结果把各人荷包里所带的一点'私'钱都消耗完了……既然是自己血汗挣来的，并没耗费公帑，就是到峨眉绝顶站在舍身岩往下望的时候，也觉得心宁神贴，不怕亏心失足，葬身幽壑"。他们这一趟蜀道之旅完全是出于公务，"旅行的目的是为到重庆向教育部接洽西南联大的几件校务，到叙永视察分校，到李庄参观"中央研究院"的历史语言研究所和社会科学研究所，并且审查北大文科研究所三个毕业生的论文，到乐山、峨眉、成都各处参观武汉、四川、华西、齐鲁、金陵各大学，并且访问几位现在假期中的联大老教授劝他们返校，顺便还看看北大、清华两校的毕业同学在各地服务的状况"，可见是重任在身。

只是羁旅艰难，一路上更多的还是风餐露宿，甚至有时一天也吃不饱一顿饭。如7月23日，三人因为大雨及车子抛锚被阻在思濛河附近的镇南桥畔，饥寒交迫之下，梅贻琦记："大雨又至，小山坡上店家四五，暂作避雨之所，购得土酒及糖糕充早点兼以御寒。"罗常培的记载为："这个地方虽然有一家小铺儿，可是没有什么东西卖，我们尽它所有的沽了四两苞谷酒，就着落满了尘土的炸麻花儿，姑且赶赶寒气，充充饥。"到了中午12时，因水大还不能渡河，梅贻琦记："郑设法觅一村童，购米升许（十元），在其家煮熟……车中带有榨菜一罐，为唯一之下饭物。"罗常培的记录倒更为详细："耗到十二点多钟，大家的肚子都饿得咕噜咕噜地叫，也没地方买东西吃。幸亏毅生（注：郑天挺）机警，花九块钱，让一个乡下小孩买了一升米，就托他的家里给我们煮一煮。这一家似乎很穷，几间茅屋脏得不堪，满院子黑泥和猪屎，弄得一塌糊涂，简直没有下脚的地方，我们把乐山北大同学杜高厚所送的罐头熏肉和榨菜拿出来，当珍馐美味吃，一边喝着米汤，一边嚼着半生不熟的饭。"罗常培还对这一家十六只眼睛望着他们的神情久久难忘，感叹民生之苦、战时之悲。

由此可推知，梅贻琦在旅途中多次提及饭酒的好坏，应当为战时危机之下的口腹之慰吧。一路蜀道难，一路饥不择食。8月2日晚，当他历经风雨和断桥之险赶到内江资中投宿后，第一件事即去寻找酒饭，花生、白酒、汤面，食之甘味。8月6日，梅贻琦一行在内江等车去重庆，未能找到车，只得留守。这一天他们为友人送行在京山饭店，席中有馒头、鲤鱼，饭后得知可以搭乘次日的车子，顿时欣喜。8月7日车到重庆青木关，梅贻琦、郑天挺、罗常培等人下车上山赶往教育部，遇到韩裕文，招待饭菜的是一个北方饭馆，席间炒菜种种，并有葱油饼，这些可谓都是梅贻琦向往的北方美味。

饭后，梅贻琦与罗常培去往益庐访问一个特别的友人——张充和，当时她就职于教育部音乐教育委员会，负责整理国乐。早在昆明呈贡期间，张充和便与罗常培常常来往拍曲。张家大弟宗和毕业于清华大学，张充和又参加了清华大学的昆曲社团谷音社，与清华曲友陶光等来往密切，因此张充和与梅贻琦的交往便是寻常了。当晚，一众学人前往民众馆饮茶望月，夜10时始散。梅贻琦回想茶间张充和对他的书法赞词，颇为意外，"张女士屡称吾所写字甚好，自觉惊异，不知何以答之"。张充和以曲、书为最，当时她在重庆尚未成大名并时常向沈尹默请教，但她对梅贻琦的书法称道，还是令梅贻琦为之在意。后来梅贻琦还特地去拜访沈尹默并以得到其小书条为幸。

从那以后，梅贻琦多次上山到教育部与张充和、郑颖孙、郑慧、罗常培等人饮茶，并一起进防空洞躲避空袭警报，有时一天遭遇多次警报，可谓生死之交。欣慰的是，有罗常培与张充和一起唱曲打发时光。罗常培记载，有一次在重庆观看教育部音乐教育委员会全体演出，其中有曹安和的琵琶独奏《十面埋伏》，张充和的昆曲《刺虎》："大轴子是张充和女士唱昆曲的'刺虎'里的'俺切着齿点绛唇'，'银台上煌煌的风烛墩'，'恁道谎阳台雨云'三支。十面的指法纯熟，刺虎的珠圆玉润，是那一晚听众的公评，用不着我多恭维的。" 8 月 11 日这天，在两次警报之后，梅贻琦还是决定上山寻友，"5 点 30 分，至小可食馆，主人为王翰仙、郑颖孙、戴应观、邹树椿"，客人中则有梅贻琦、张充和等三四人，"席间饮大曲，酒杯颇大，五杯之后若不自胜矣，临行竟呕吐，主人以滑竿送归，王君伴行，颇感不安也"。

据说梅贻琦的酒量很是了得，常常是别人大醉时他才微醺。1941 年 7 月 25 日晚间，梅贻琦与郑天挺、罗常培为巡访西南联大公务到成都赴邓敬康、王孟甫饭约，席间有朱自清、李幼椿等，"酒颇好，为主人及朱、李、宋等强饮廿杯，微有醉意矣"。当时酒杯大小未知，但是梅贻琦回到寓所后还能与来人继续谈清华中学事宜，头脑清晰，可见其酒量。

根据郑天挺的回忆，"梅校长喜欢饮绍兴酒，但很有节制。偶尔过量，就用右肘支着头，倚在桌边，闭目养一下神，然后再饮，从来不醉。朋友们都称赞他的酒德。这正是他的修养的表现"。酒品见人品的话同样适用在学人身上。李济曾撰文说："梅先生在宴会中饮酒总保持着静穆的态度，我见过他醉过，但从没见他闹过酒（耍酒疯），这种'不及乱'的态度令人尊重。"当然，梅贻琦也会喝醉，如在1941年12月6日日记载在昆明赴宴场景："因余在省党部，饮升酒五六大杯，席未终竟颓然醉矣，惭愧之至。"又有日记载："未得进食即为主人轮流劝酒，连饮廿杯，而酒质似非甚佳，渐觉晕醉矣。原拟饭后与诸君商讨募款事，遂亦未得谈。十点左右由宝弟等扶归来，颇为愧悔。"又有1941年10月14日日记载在昆明东月楼与友人、家人聚餐吃烧鸭："食时饮'罗丝钉'酒甚烈，又连饮过猛，约五六杯后竟醉矣，为人送归家。以后应力戒，少饮。"君子风格，处处谨慎，梅贻琦的酒风亦是为人之风。

此后数天，梅贻琦常与张充和、郑颖孙、罗常培等往来饭茶和躲警报，罗常培说张充和、马芳若、韩裕文等每次都把进防空洞的点心备好，真是细心周到。有一次北大几个学生宴请梅贻琦去桃园吃饭，天热室小，酒菜也不好，梅贻琦颇为郁闷，直到去了益庐饮茶聚会，才觉得快意。次日（8月13日）在躲避了三次警报后，梅贻琦即前往益庐寻友，张充和不在，梅贻琦与路过的几位外国友人相谈甚欢，张充和回来后做了梅汤、稀饭招待他们。食毕，梅贻琦又与张充和等人步行到关口的"国立音乐学院"，陈嘉、黄友葵夫妇请客，酒是自酿的葡萄酒，口味大好，梅贻琦喝了不少。

茶酒雅集，燃香闲谈，梅贻琦的益庐时光应该是他在战时不多的休闲时光。8月15日，梅贻琦又来益庐赴约，"入门充和出迎，若以吾来为意外之喜。吾曰'一定是来的'。饮青梅酒又五六杯。座中有王女士，张欲为郑做媒者。饭后饮清茶，试燃香数种"。不知此青梅是否张充和手酿，又不知此时做媒是否即为郑颖孙与王女士做月下老？

只是到了次日（8月16日），风云突变，午饭后梅贻琦接到郑天挺信报说8月14日西南联大被炸。梅贻琦坐不住了，便及时与昆明方面致电联系，并准备前往察看。8月17日，张充和、郑颖孙等人来看梅贻琦，大家一起吃了午饭，吃的是北方水饺，"饭后郑去，张留闲话"。解除警报后，梅贻琦即收拾行李离去。离开重庆前的一顿丰盛大餐是在冠生园吃的，"郑、罗作东道，实为沈肃文、金少英、卢逮曾夫妇、文藻、一樵及八弟。饭价195元，酒5壶占去40元。"8月23日，梅贻琦乘机到达昆明，一下飞机就遭遇了空袭警报，当地有房屋被轰炸。在昆明期间，梅贻琦马不停蹄处理校务，并调查学校被炸损失情况，致电教育部申请经费维修。

10月13日晚，梅贻琦受邀曾养甫在太和坊3号的饭局，宾客不少，"菜味有烤乳猪、海参、鱼翅；酒有Brandy、Whisky；烟有State Express，饮食之余，不禁内愧"。而平时梅贻琦多是自己简食，就连偶尔吃一顿当地的炮牛肉也要记在日记。

公务繁忙之余，梅贻琦更愿意携酒寻友小酌。昆明靛花巷是郑天挺、罗常培及被梅贻琦约来讲课的老舍的居住地。罗常培曾记："他（注：老舍）到昆明后，和我一同住在靛花巷三号的宿舍，这所房子，深藏在一条人不堪其忧，我辈不改其乐的陋巷里。从前陈寅老因为'靛花'两字拟名为'青园'，经过这番品题，便觉着风雅了许多。"

梅贻琦重返西南联大，自然会是靛花巷的常客。8月30日他在蓉园为学人证婚后赴宴，"饭时菜甚多而不佳，酒亦劣"。晚间，梅贻琦怅然若失，"归途访郑、罗、舒（注：老舍）于靛花巷未遇。归寓明月正好，坐廊上，寂对良久，为之凄然"。据说梅贻琦日记中除饮食记录多之外，还有一多即对月光的描述。

9月13日，梅贻琦又至靛花巷访几位老友，罗常培在病时，不能外出，却主动送绍酒三瓶，梅贻琦留下共食共饮。后来郑天挺又病倒，梅贻琦顿时失去了"左右手"，11月3日他在日记里写道："上下午皆在联大，郑未复职樊又辞职，查病未愈，只好勉唱独角戏，尚不以为苦也。晚饭后月色甚好（九月十五），携酒一瓶至靛花巷与罗、郑、舒闲谈。十一点归来，作信致张充和女士，劝其勿留艺专，不知有效否。"

这一情节在罗常培笔下却是另外一种浪漫过程，《梅月涵月下访友》记："老舍头次到昆明来，梅先生从头到尾都够朋友，他曾经盛设过酒筵，也曾经款待过家常便饭。有一天晚上，皎洁的月色，笼罩住翠湖，阮堤上的银霜洒满了疏影遮不到的每个地方，青园诸友陪着老舍从街上归来，穿过湖滨，一边步月，一边闲聊，文庄公指点给他那里是'芭苍桥'，什么叫'无极路'，怎么会有'鬼打墙'，好让他知道翠湖的月夜为什么值得流连。刚刚转过玉龙堆和翠湖北路的转角，忽然看见一个人在月光底下，提着一个布口袋，踽踽独行的低头往前走着，定睛一看，原来正是梅先生。他的口袋里装着一瓶绍兴酒，正预备到青园访老舍去对酌，这一来把月夜点缀得更风雅，更可爱了。夜深找不到下酒的菜，仓卒间只买到一点儿豆腐干和花生米，可是在斯时斯地、此情此景之下，这一点儿东西的味道，真比珍馐还适口。"由此老罗诗兴大发：梅月涵月下访友，舒老舍酒后聊天。预知后事如何？且等"散记"交代。

1944 年，时在昆明的梅贻琦也有诗和张充和韵："浪迹天涯那是家，春来闲看雨中花。筵前有酒共君醉，月下无人细煮茶。"

再回到梅贻琦致信张充和。月夜之下，绍酒正酣，在尽可能网罗人才进西南联大之时，他是否也在无意中劝说张充和再回昆明来："自青木关别后，匆匆二月有半，友朋通讯竟未一着笔。今晚自莘田处归来，实觉此信不可再延矣。今晚适月色特好，携酒一瓶，至靛花巷，与罗、郑、舒三君小饮清谈。罗先生出示尊函，有暂留江安为艺专编影剧之意。琦初听之下，颇感似非所宜，在座亦表同意，以后当必有专家专论之。琦等非必欲好友尽聚于昆明，但总觉滇池之畔，不可龙庵无主，学问之道在天才，固不拘于地域也。益庐屡次叨扰回忆，尤觉难得，已公推郑公函谢，兹不更客套矣。敬颂文祺，不一。（上沅先生、夫人烦代问候。）梅贻琦谨启。"

只是，张充和既没有去江安艺专做编剧，也没有再回昆明云龙庵，而是继续留在了重庆，直到抗战结束。而梅贻琦则与西南联大在昆明，主持大局，有段时间还主办了清华服务社，自产自足，办碾米厂，还制造味精、酱油等，盈余数百万元，用于调剂清华大学及联大教师生活，并帮助恢复生产，此举颇受好评。

话说张充和在内战后不久即赴美定居，而梅贻琦也几乎是同期去了美国，后才去台湾。张充和大弟宗和曾致信询问老校长近况，1960 年 8 月 12 日，张充和回信说："你们清华校长梅贻琦生肠癌，不治之症。据医生说多则一年，少则半载，他今年七十二岁了。"

两年后即 1962 年 5 月 26 日，张充和又致信宗和："今天在纽约开了故校长梅贻琦的追悼会，是癌症死的。其实他在美国待得倒也平静，蒋政府迫他回去是迫'庚款'的。梅太太脑筋清楚，自己在这儿学护士，预备自立，始终没有去台湾（当然他病危时还是去的），我们都觉得他去台可惜。"张充和喟叹梅贻琦去台湾可惜，不知道是针对他应该坚守大陆还是留守美国，但她对于"蒋政府"与"庚子赔款"的关系倒是看得明白，并对梅贻琦夫人的自立大为欣赏。此时的张充和在美国已经会做很多菜式，无非是因为生活要精打细算："洋公公同婆婆来住了几天（六天），外国媳妇容易做，菜也容易。早上公公是一个鸡蛋或蒸或煮，其余是冷麦片及炒米之类。婆婆是一片面包两杯咖啡。中饭是生菜水果面包冷饮及一点乳酪之类。晚饭才是正经饭，一荤一蔬一甜，但是刀叉要摆得讲究，美国人穿晚礼服，即使大战中没有肉吃，也得穿破礼服。他父亲随便，母亲东西也吃不了多少，可是穷讲究。我们平时中外礼节在吃饭时都取消了，他们一来，一点洋规矩总得学学，好在我来时在他们家住了半年，也学了一点。"此时，此境，哪里有昔日的益庐雅聚来得痛快、惬意？

　　只是，时过境迁，旧人不在。据说梅贻琦一生没有积蓄，就连住院费和殡葬费都是校友们捐助的。说他住院时一直紧紧抱着一个黑色老式皮包，他去后，皮包被打开，里面装的全是清华基金账目，一笔笔清清爽爽，毫厘不差。这倒与抗战时期酒饭随意的梅校长有些不契，而这也正是把自己半个世纪的岁月都奉献给了清华的梅校长的可贵之处。他说过大学并不在于它有多少幢大楼，而在于它有多少位大师。他还说过：人最大的勇气就是敢于做一个平凡的人。

　　一个平凡的人，嚼得菜根，做得大事。

沈从文爱吃甜食

沈从文晚年时爱吃甜食，到了美国吃到冰淇淋感到新鲜，每次饭后都会等着尝鲜。

1948年的夏天，是沈从文较为释然和快乐的时光。那一年，他携家人与一班挚友在颐和园消夏休闲。实际上他在一年前就曾到这里度过假，只不过今年增加了几位朋友，他更是欣然。直到入秋搬出颐和园，他在致信凌叔华时还在留恋那段时光："入秋来北平阳光明朗，郊外这几天正是芦白霜叶红时节，今甫先生和四小姐及四小姐一个洋朋友，都还住在颐和园内谐趣园后霁清轩中，住处院落很有意思，我们已经在那里过了两个暑假。"

　　经历了战争的离乱和苦难，沈从文终于可以定心寻一块静地整理心情和灵感了。在有事致信爱人兆和时他依旧延续着情书的风格："我近来竟感觉到，霁清轩是个'风雅'地方，我们生活都实际了点……而写这个信时，完全是像情书那么高兴中充满了慈爱而琐琐碎碎的来写的！你可不明白，我一定要单独时，才会把你一切加以消化，成为一种信仰，一种人格，一种力量！至于在一处，你的命令可把我头脑弄昏了，近来命令稍多，真的圣母可是沉默的！"

　　在这里，沈从文开始想着好好规划将来的工作和生活，他的写作、孩子的教育等，他希望自己能恢复和兆和一起在青岛的那段时光，那是他创作精力最旺盛的时段。

　　沈从文在信中所提及的"洋朋友"即德裔美籍学者傅汉思。当时这位汉学教授被胡适之从美国邀来在北京大学任教，后在留德多年的季羡林的介绍下，他认识了久仰的沈从文。他倾慕沈从文的学养，钦佩他的文学才气，一心要结识这位文学名士。

　　1948 年 3 月，我第一次见到沈从文，那时他是北京大学中文系一位教授，我却是半年前来到中国在北大教授拉丁文、德文和西洋学的年轻人。我听许多人谈起过这位著名的小说家。西语系一个青年同事把我介绍给他，下面是从我那时写给加州史丹福我父母信中摘录的：

北平，1948 年 3 月 31 日……还有个可爱的人，我以前没提到过——沈从文教授。他是目前北京的一位最知名的作家和教授。他不像是个写了那么多有关士兵故事的人，他的仪表、谈吐、举止非常温文尔雅，但一点也不带有女人气习。他对中国艺术、中国建筑深感兴趣，欢喜谈论，欢喜给人看一些图片。介绍我给他的是一位年轻朋友金堤，沈从文有一位文静的太太和两个男孩……

大乱后的北平迎来了暂时的平静，知识分子的生活也得以暂时安逸。傅汉思不时随着沈家去天坛野餐，去颐和园小住，去霁清轩享受荫凉，他尤其喜欢在这样的氛围里听沈先生讲解中国古代的艺术同建筑。同时还有一点，他已经不自觉地随着充和称呼兆和"三姐"了。他致信父母说：

北平，1948 年 7 月 14 日……我在北平近郊著名的颐和园度一个绝妙的假期！沈家同充和，作为北大教授杨振声的客人，住进谐趣园后面幽静美丽的霁清轩，那园子不大，却有丘有壑，一脉清溪从丘壑间潺潺流过。几处精致的楼阁亭舍，高高低低，散置在小丘和地面上，错落有致。几家人分住那些房舍，各得其所。我就把我的睡囊安放在半山坡一座十八世纪的小小亭子里。生活过得非常宁静而富有诗意。充和、我同沈家一起吃饭，我也跟着充和叫沈太太三姐。我们几乎每天能吃到从附近湖里打来的鲜鱼……

霁清轩自成一园，位于颐和园东北隅，其风格颇似江南园林式样，据说灵感源于江南寄畅园。园林有清琴峡、八角亭、垂花门、爬山廊等景观，慈禧时期曾增加了酪膳房和军机处，在此可兼办公和用膳。

1948 年 7 月 29 日，沈从文致信张兆和："今天上午孟实在我们这里吃饭。因作牛肉，侉奶奶不听四小姐调度，她要'炒'，侉'红烧'，四姐即不下来吃饭。作为病不想吃。晚上他们都在魏晋处吃包子。我不能说厌，可是却有点'倦'。你懂得这个'倦'是什么。"沈从文充满谜语式的信中道出充和吃饭的细节。此后，在沈从文的信中，还出现了"'天才女'割洗烹鱼头、'北大文学院长'伐髓洗肠（到后由天才女炒鱼肝，鱼油多而苦，放弃）"的细节。不用说，"天才女"即充和；"文学院长"即朱光潜，可见充和在诗、书、画之余已经开始参与掌勺了，而这微妙的时间点更是为她与汉思的恋情增添了些许浪漫。

沈从文致信兆和："你只要想想人家如何疼'花裤人'，就自然会明白你还有值得关心的在！""花裤人"应该就是见证颐和园盛夏时光的小龙朱。早在 1933 年 8 月 24 日沈从文与张兆和新婚前夕，他就致信大哥沈云麓：兆和待人极好，待人接物使朋友得良好印象，又能读书，又知俭朴，故我觉得非常幸福。她的妹妹同九妹极好，那妹妹也很美很聪明，来北平将入一大学念书。

在这安谧的旧园里，张充和不时操刀主厨，沈从文也跟着帮忙上阵。有一次张充和烹制鱼头，朱光潜清洗鱼肠，沈从文负责处理鱼段。中午，沈从文的二公子虎雏则用大砖石支起了地灶，还拾了松球、松枝来作为燃料。沈从文举火熏鱼，父子俩边聊边熏鱼，不知不觉熏好了六斤鱼。在等待大餐的时刻总是美妙的，沈从文喜欢与儿子的这种互动和交流，尽管他因山中湿气较大导致肠胃不适，但这样的氛围足以令人忘却不适。一切如梦境，一切又是那么真实。

小虎雏问他，把他和托尔斯泰的对比。沈从文如实回答，说自己有个好太太。虎雏让爸爸得赶赶才行。沈从文说一定要努力。谈话到最后，小虎雏说还是觉得托尔斯泰好。沈从文并不反驳，只是一会儿便听到了小虎雏的轻轻的鼾声。沈从文回首自己的少年时光，也是像虎雏一样的忙碌，热衷动手，熏狗獾、猎野鸡、捉鹌鹑等。这一切，沈从文就在这皇家园林的树林里讲给小虎雏听，这样的故事用来佐梦真是再合适不过。

霁清轩除了三种声音，还有一种虽无生命却仿佛若有生命，虽反复单调却令人起深沉之思的声音，即那一绺穿院而过的流水作成的琤琮。仁智所乐而逝者如斯，本身虽无生命，但那点赴海就塾一往不回的愿力和信心，却比一切生命表示得还深刻长久，且作了历史上重要心智以种种启示。滋育万物而不居其功，伟大处为"无私"，一个人悟无生宜从此始……

颐和园之夏于沈从文是感悟，于张充和则是浪漫。

很多年后，到了美国定居的充和还记得这里的一件新鲜事物——抽水马桶："我们住颐和园霁清斋（轩）在谐趣园后边，是唯一有抽水马桶的地方，是汪应泰的姨太太曾住过的。所以到大门口有卫兵的地方，人人都知。后来老杨养病，借住。沈冯两家都去，因此我们也去。那个水箱每次用过要提一桶水放进去，然后再抽。有时抽几次就要好几桶水。汉思觉得好玩极了。"

对于傅汉思和张充和，霁清轩是一处充满历史转折意蕴的胜地。

在此地过暑假的沈从文长子小龙朱发现，四姨与洋叔叔傅汉思开始了恋爱。

因为充和，傅汉思开始了古典文学的研究；因为遇见了一个热情开朗的人，充和开始介入柴米油盐。

这里有湖可以钓鱼，有树可以摘果，但是在城里的兆和还是会带来胡萝卜、红大头、糟豆、佛手瓜等。张充和时不时会为他们烹制一锅鲜美的鱼羹，映衬在这安谧的湖光山色里。

圆明园之夏，热烈而明媚，琴音徐徐，墨色葱绿，充和信手点染《青绿山水》，山峦叠翠，古木交柯，只见古人闲舟画中游，今人徜徉朦胧古意。

二十多年后，充和回忆这一切时欣然赋诗："霁清轩畔涧亭旁，永昼流泉细细长。字典随身仍语隔，如禅默坐到斜阳。"

搬出颐和园没多久，傅汉思就与张充和结婚了，并很快离开了正处于激变中的北平。

1965 年夏天，经历生死关后的沈从文致信在美国的汉思、充和："那年那月能请你们'全家福'到颐和园听鹂馆试吃一顿便饭，再让小孩各带个大沙田柚子奔上山顶，看看新的园内外景物，才真有趣！我觉得这一天不久就会来到的。"

可是直到 1978 年之夏，充和、汉思才在北京与沈从文一家实现短暂的团聚。充和走后，沈从文致信给他们："这次你回来，虽分别近卅年，你的体力、情绪以至性格，大都还和出国时变化不多，我们都十分高兴。只可惜在北京时间过短，无从多陪你各处走走。这里孩子们都不仅已长大成人，即第三代也快在长成中。经过这卅年人事风风雨雨变化中，这里诸亲友好，却大都还能较正常地活下来，不出意外，也就可说是够幸运了。因为此外在这种倏然而至无定向的人事风雨中，骤然成为古人的，实以若干万计。也有的升天入渊，在数年间翻覆，不仅出人意外，也出于他本人意外的。比较上说，我们日子过得实相当平凡简单。且在许多倏忽来去的事变中，大都如蒙在鼓中，近于绝对无知状态，因此也就反而日子过得平安。"

1980 年春，美国学界邀请沈从文访美讲学，傅汉思和张充和更是极力支持，可对于经历了大运动后的沈从文来说，简直不太可能："来美事，我不敢设想。我倒想过，正在付印的《服装资料》，还像本书，若秋天可出版，廿多万说明文字，能得一笔钱，如足够三姐来回路费，希望能照你前信所说，尽她和二姐一道来和你们住几十天，你的家里可以大大热闹一阵。至于我被邀来，恐永远派不到我头上。除非《服装资料》出后，在外得到好评，被邀来讲服装和绸缎，有较多发言权。别人也无法代替我。至于文学，也只能谈谈卅年代个人工作，别的忌讳多，不便褒贬。"

终于，经过中美各方的多次磋商、努力，最终沈从文访美还是卡在了保险环节。当时沈从文年届八旬，谁都不肯担这个风险。

充和问汉思：你敢不敢负这个责任？

汉思说：当然敢，尤其有三姐同来。

或许也只有张充和能够体会到傅汉思这个掷地有声的承诺吧。

在美国各地演讲和参观时，翻译和讲解几乎都由傅汉思承担，他总是尽力如实翻译沈从文的原话，并引导他顺着主题走。因为沈从文的博学多识，常常在讲述一事时漫到外围，但他还是会收回来，像是他那张弛有致的小说情节，只是傅汉思心里紧张，总存着关心的担心。

有一次，沈从文讲了一句话："我那时写小说，不过是一个哨兵。"傅汉思译成"我那时写小说，不过是一个烧饼"。译完还兀自加注，说这是中国的一种烤饼。这恐怕是因为汉思太爱中国烧饼了。

沈从文在美国时期饮食总是"客随主便"，当然也曾引起过一些可爱的误会。张充和记录道：

> 他们在我处饮食非常简单，早饭是鸡蛋咖啡面包，中晚饭只两三个菜的中餐，按照他喜欢而医生许可吃的东西做。中国人请客仍是满桌菜。一次耶礼学会请在一个考究的俱乐部晚餐，屋子旧旧，桌椅破破，灯光暗暗的，美国人认为如此才有古老情趣。因为是会员才可进去请客，价钱又贵，所以没有什么人，倒是安静异常。在还没有坐定时，沈二哥说：
>
> "菜不要多，两三个就够。"
>
> 我虎了他一眼说：
>
> "快别说！你连主食副食才一盘呢。"事后在座洋人

问我他说什么，听后他们大笑，传为美谈，因为他们都吃过满桌中国菜的。

沈二哥的口味，喜甜，怕辣。前者为人所知，后者知道的可不多。在纽约湖南同乡尹梦龙请他在一个地道湖南馆子吃饭，事先知道他不吃辣，把所有菜中辣子去掉，他食后说，味道好极了。

偶然他尝到美国的冰淇淋，便每饭后都希望有得吃。因是严冬腊月，谁也不需要。一次我忘了给他，他说：

"饭吃完了，我走了。"

我没理会，他又说：

"我真上楼了。"这个"真"字使我好奇怪，但仍不解，他站起来作要走姿态，说：

"我真走了，那我就不吃冰淇淋了。"大家哄然大笑，便拿给他吃。

沈从文爱吃甜食倒是事实。就在这一年的4月，美籍华裔作家聂华苓在北京见到了仰慕已久的沈从文，兴奋不已：

那天，我举杯畅饮，一连干了几杯酒。Paul吃惊地望着我，对在座的人说：华苓从没这样子喝酒。

两桌人酒酣耳热，谈笑风生，好像各自都有可庆祝的事。只有沈先生没说话，也没吃什么，只是微笑着坐在那儿。

他的脸特别亮。

沈先生，怎么不吃呢？我正好坐在他旁边，为他拣了一块北京烤鸭。

我只吃面条，吃很多糖。

为什么呢？吃糖不好呀。

我以前爱上一个糖坊姑娘，没成，从此就爱吃糖。

满桌大笑。

Paul 听了我的翻译，大笑说：这就是沈从文！

这样的作家大聚会，这样的童心闪现，估计会令很多人感到意外，但能读懂沈从文作品里的童话意蕴的读者就不会感到意外。

美国华裔作家韩秀女士曾说："沈先生一直是寂寞的。多少年来，在他生活着的地方，有太多的人没有读懂他的文字，'批评家'们无论是颂扬还是诋毁，都没有说到点子上。没有读懂原作，或者根本不想去读懂。沈伯伯曾经说过这样的一句话：'孤独一点，在你缺少一切的时节，你就会发现原来还有个你自己。'"

记得韩秀是个做菜的高手，曾招待过各国的外交人员，还出版过精美的食谱，其中丰富的滋味，可能并不逊色于她曾在中国非常时期的经历吧。

沈从文一辈子自称乡下人，看他小时候的经历就像是一个天真的野孩子，狗肉吃得，糖果也吃得。

当年他带着忐忑和厚礼赶到苏州张家求婚时，怎么也没有想到，张家的小五弟寰和会给他买一瓶甜汽水，那种盛夏里的甘甜，那种在孤立无援时的甘甜，令他终生难忘。他答应小五弟，回去给他写些故事看，后来的《月下小景》他专门献给了小五弟。一瓶用零花钱买的汽水，换一生可读的小说集，真是美事。

当固执的沈从文终于追到了固执的张兆和后，他所品尝的则是甜酒的滋味。

当年张家二姐允和见沈从文如此痴情，便从中"做媒"，回到青岛的沈从文致信允和："如果爸爸同意，就早点让我知道，让我这个乡下人喝杯甜酒吧。"

张允和故意游戏，给沈从文发了一个字的电报："允"。

张兆和担心误解，又去给沈从文补发了一封电报："乡下人喝杯甜酒吧。"

婚后多年，沈从文常在书信中称兆和"三三""宝贝""小妈妈"。

再回到1948年盛夏的颐和园，沈从文致信结缡十五载的爱人兆和："花裤人上午进城，恐怕因落雨而延缓。果然落了雨，声音逐渐加大，如打在船篷上。小妈妈，我真像是还只和你新婚不到三个月！"

汪曾祺的酒风

　　汪曾祺和他父亲一样，不只是会喝酒，还会自制下酒菜。会吃会喝会做会写，这也是汪曾祺的风格。

　　汪曾祺十来岁的时候就在他父亲的纵容下，"能够颇有规模地饮酒，打那时起，一发不可收拾，酒差不多成了他的命根子"。这出自汪曾祺女儿的文章。在家里，对于他喝酒，家人是喜忧参半：妈妈高兴的时候，管爸叫"酒仙"；不高兴的时候，又变成了"酒鬼"。做酒仙时，散淡洒脱，诗也溢彩，文也隽永，书也飘逸，画也传神；当酒鬼时，口吐狂言，歪倒醉卧，毫无风度。仙也好，鬼也罢，他这一辈子，说是在酒里"泡"过来的，真是不算夸张。

可见，汪曾祺的"酒风"是有些历史的。在乡间，逗儿子喝酒似乎成为很多父亲的保留节目，他们迫不及待地希望儿子早点承担喝酒大任，就如同他们盼着儿子早一点长大成人是一个道理。当然前提是这个父亲喜欢喝酒。汪曾祺记得，他父亲会做一道下酒菜："我们那里，夏天，家家都要吃几次炒毛豆，加青辣椒。中秋节煮毛豆供月，带壳煮。我父亲会做一种毛豆：毛豆剥出粒，与小青椒（不切）同煮，加酱油、糖，候豆熟收汤，摊在筛子里晾至半干，豆皮起皱，收入小坛。下酒甚妙，做一次可以吃几天。"

可见，汪曾祺的父亲不只是会喝酒，还会自制下酒菜。一个好的美食家基本上都是一个好厨师。会吃会做，也是汪曾祺的风格。

汪曾祺喜欢喝酒，也喜欢捯饬下酒菜。根据他的"研究成果"，曾经总结出几大"家常酒菜"，并且选择也是有"标准"的：

家常酒菜，一要有点新意，二要省钱，三要省事。偶有客来，酒喝思饮。主人卷袖下厨，一面切葱姜，调作料，一面仍可陪客人聊天，显得从容不迫，若无其事，方有意思。如果主人手忙脚乱，客人坐立不安，这酒还喝个什么劲！

汪曾祺列举的下酒菜食材简朴，做法简单，价钱也不贵，可谓平民式的，而且他还附上了自己的做法经验，与酒友们一起分享，读者看了都可以对照炮制。在此列举简化版，实用版还须看汪老爷子的原版。

拌菠菜

我做的拌菠菜稍为细致。菠菜洗净，去根，在开水锅中焯至八成熟（不可盖锅煮烂），捞出，过凉水，加一点盐，剁成菜泥，挤去菜汁，以手在盘中抟成宝塔状。先碎切香干（北方无香干，可以熏干代），如米粒大，泡好虾米，切姜末，青蒜末。香干末、虾米、姜末、青蒜末，手捏紧，分层堆在菠菜泥上，如宝塔顶。好酱油、香醋、小磨香油及少许味精在小碗中调好。菠菜上桌，将调料轻轻自塔顶淋下。吃时将宝塔推倒，诸料拌匀。

拌萝卜丝

小红水萝卜，南方叫"杨花萝卜"，因为是杨花飘时上市的。洗净，去根须，不可去皮。斜切成薄片，再切成细丝，愈细愈好。少加糖，略腌，即可装盘，青红嫩白，颜色可爱。扬州有一种菊花，即叫"萝卜丝"。临吃，浇以三合油（酱油、醋、香油）。

或加少量海蜇皮细丝同拌，尤佳。

干丝

干丝是扬州菜。北方买不到那种质地紧密的，可以片薄片，切细丝的方豆腐干，可以豆腐片代。但须选色白，质紧，片薄者。切极细丝，以凉水拔二三次，去盐卤味及豆腥气。

无论拌干丝，煮干丝，都要加姜丝，多多益善。

拌里脊片

以四川制水煮牛肉法制猪肉，亦可。里脊或通脊斜切薄片，以芡粉抓过。烧开水一锅，投入肉片，以笊篱翻拢，至肉片变色，即可捞出，加调料。

焯过肉的汤，撇去浮沫，可做一个紫菜汤。

扦瓜皮

黄瓜（不太老即可）切成寸段，用水果刀从外至内旋切成薄条，如带成卷。剩下带籽的瓜心不用，酱油、糖、花椒、大料、桂皮、胡椒（破粒）、干红辣椒（整个）、味精、料酒（不可缺）调匀。将扦好的瓜皮投入料汁，不时以筷子翻动，使瓜皮沾头料汁，腌约一小时，取出瓜皮装盘。

炒苞谷

嫩玉米剥出粒，与瘦猪肉同炒，少放盐。略用葱花煵锅亦可，但葱花不能煵得过老，如成黑色，即不美观。

松花蛋拌豆腐

北豆腐入开水焯过，俟冷，切为小骰子块，加少许盐。松花蛋（要腌得较老的），亦切为小骰子块，与豆腐同拌。老姜在蒜臼中捣烂，加水，滗去渣，淋入。

芝麻酱拌腰片

一、先不要去腰臊，只用快刀两面平片，剩下腰臊即可扔掉。先将腰子平剖两半，剥出腰臊，再用于刀片，则破残。二、腰片须用凉水拔，频频换水，至腰片血水排净，方可用。三、焯腰片要锅大水多。等水大开，将腰片推下，旋即用笊篱抄出，不可等腰片复开。将第一次焯腰片的水泼去，洗净锅，再坐锅，水大开，将焯过一次的腰片投入。焯时要锅大水多。等水大开将腰片推下，不可等其复开，将水泼去，洗锅，再水开再投入焯，凉透，挤水，入盘，浇以芝麻酱、剁碎的郫县豆瓣酱、葱末、姜米、蒜泥。

塞馅回锅油条

油条两股拆开，切成寸半长的小段。拌好猪肉（肥瘦各半）馅。馅中加盐、葱花、姜末，如加少量榨菜末或酱瓜末、川冬菜末，亦可。用手指将油条小段的窟窿捅通，将肉馅塞入，逐段下油锅炸至油条挺硬，肉馅已熟，捞出装盘。

其他酒菜

凤尾鱼，广东香肠，市场可以买到；茶叶蛋、油炸花生米、五香煮栗子、煮毛豆，人人会做；盐水鸭、水晶肘子，做起来太费事，皆不及。

在上述的下酒菜中，有一道汪老曾声明是"首创"，即塞馅回锅油条。他说："这道菜是本人首创，为任何菜谱所不载。很多菜都是馋人瞎琢磨出来的。"据说这道菜首创于1977年，当时他致信好友朱德熙，"我最近发明了一种吃食"，并详细列出此菜的做法，说吃的时候"嚼之声动十里人"。此景，此声，真令人神往也。

可能是因为喜欢喝酒，汪曾祺考证出宋朝人下酒的菜，不是菜，而是"鲜果"，如梨、柿、炒栗子、蔗、柑等。

早在西南联大上学时，汪曾祺就已经好上了酒，并且留下了不少的饮酒轶事。他在《昆明的雨》中记录："我有一天在积雨少住的早晨和德熙从联大新校舍到莲花池去。看了池里的满池清水，看了作比丘尼装的陈圆圆的石像（传说陈圆圆随吴三桂到云南后出家，暮年投莲花池而死），雨又下起来了。莲花池边有一条小街，有一个小酒店，我们走进去，要了一碟猪头肉，半市斤酒（装在上了绿釉的土瓷杯里），坐了下来。雨下大了。酒店有几只鸡，都把脑袋反插在翅膀下面，一只脚着地，一动也不动地在檐下站着。酒店院子里有一架大木香花。昆明木香花很多，有的小河沿岸都是木香，但是这样大的木香却不多见。一棵木香，爬在架上，把院子遮得严严的。密匝匝的细碎的绿叶，数不清的半开的白花和饱胀的花骨朵，都被雨水淋得湿透了。我们走不了，就这样一直坐到午后。四十年后，我还忘不了那天的情味，写了一首诗：莲花池外少行人，野店苔痕一寸深。浊酒一杯天过午，木香花湿雨沉沉。"

与其说汪曾祺念及昆明的雨，不如说是念及他与挚友的杯酒时光。看有人追溯汪曾祺年轻时的轶事，说他因失恋两天不吃不喝，但是一听到有人请喝酒立马起床了。真伪不知，但是他与这位"有人"即古文字学家朱德熙的交情却是真挚的。据说朱德熙曾答应请酒，但他口袋里实在掏不出一顿酒钱来。无奈之下，朱德熙卖了自己的一本物理书，把汪曾祺请到一家小酒馆，喝着喝着汪曾祺就从痛苦中走出来了。此说显然带着演义成分，谁都明白，这个时候，"借酒消愁愁更愁"。

看汪曾祺女儿汪朝回忆父亲和朱德熙：朱伯伯上大学时就是一个给众多教授留下深刻印象的好学生，中英文都很棒。而父亲是个经常逃课、吊儿郎当的名士派。夜里写文章，白天泡茶馆。日上三竿了，他还在树荫下躺着，朱伯伯夹了一本厚字典来找他："起来，去吃早饭！"他说："德熙，我发现树叶有个规律，它们都是一左一右交互长出叶片，而不是并行的。"他们一同去旧书店把字典卖掉，于是又解决了一顿饭。

看来这两人都喜欢喝两口，就算是"经济困难时期"，也能急中生"吃"。说有一次朱德熙从昆明出差回来，带回一大块宣威火腿。本打算晚上请汪曾祺吃饭下酒的，没想到，汪曾祺大中午就来了，说打老远就闻到了火腿和美酒的香味呢！于是火腿美酒，不亦乐乎。

好朋友心有灵犀，哪里需要请呢？不请自到，才是挚友。汪朝曾听朱德熙儿子朱蒙转述一件事：一次他一个人在家摆弄无线电，他在这方面很灵。父亲到他们家去，看大人都不在家，就自己在屋子里瞎转，发现柜子里有一瓶好酒，大为高兴。他掏出钱来，打发朱蒙去买了两串油炸的铁麻雀。回来后，父亲找了一本书，边看边吃边喝，朱蒙依旧埋头鼓捣无线电，两人各不相扰。看看朱伯伯还不回来，父亲交代朱蒙："还有半瓶酒，一串麻雀，告诉你爸爸，留给他了！"然后就喜滋滋地回家了。

君子之交，不只是淡如水，至好的境界应该是随意、自然，还有分享。友直，友谅，友多闻，益矣。1992 年 7 月 19 日，朱德熙在美国病逝。汪曾祺得知时正在书房作画，忽放声痛哭，家人过去劝，老头儿满脸是泪："我这辈子就这一个朋友啊！"桌上的画已被眼泪打湿，右上角题了四个字："遥寄德熙"。

失去了老朋友后，不知道汪老爷子还找谁喝酒去，但是老爷子在家里独酌倒是常态。汪家女儿记得，在她三四岁的时候，家里保姆刚炒菜，父亲已经开始倒酒吃花生米了，女儿爬上来吃几个豆，被父亲逗着问"想不想尝尝世界上最香的东西？"于是一根筷子头蘸酒了，女儿一尝又辣又呛，后悔都来不及了。女儿号啕起来，引来贤内助的严词斥责。老爷子知错就改，继续一个人独酌。

到了女儿五岁的时候，汪曾祺突然成了右派。为这事，汪曾祺还专门写了一篇《我的右派生涯》：我当了一回右派，真是三生有幸。要不然我这一生就更加平淡了。

我不是 1957 年打成右派的，是 1958 年"补课"补上的，因为本系统指标不够。划右派还要有"指标"，这也有点奇怪。这指标不知是一个什么人所规定的。

　　汪曾祺先生乐观了一辈子，似乎没啥事能难倒了他。只是，乐观归乐观，现实归现实。他曾借用自己的小说人物心理形容自己当时的感受：定一个什么罪名，给一个什么处分都行，只求快一点，快一点过去，不要再开会，不要再写检查。这是我的亲身体会。其实，问题只是那一些，只要写一次检查，开一次会，甚至一次会不开，就可以定案。但是不，非得开够了"数"不可。原来运动是一种疲劳战术，非得把人搞得极度疲劳，身心交瘁，丧失一切意志，瘫软在地上不可。我写了多次检查，一次比一次更没有内容，更不深刻，但是我知道，就要收场了，因为大家都累了。

　　终于，结论下来了：定为一般右派，下放农村劳动。

　　此时，此境，汪曾祺却想起了历史上的悲剧人物金圣叹。金圣叹在临刑前给人写信，说"杀头，至痛也，而圣叹于无意中得之，亦奇"。有人说这不可靠。金圣叹给儿子的信中说："字谕大儿知悉，花生米与豆干同嚼，有火腿滋味。"有人说这更不可靠。我以前也不大相信，临刑之前，怎能开这种玩笑？现在，我相信这是真实的。人到极其无可奈何的时候，往往会生出这种比悲号更为沉痛的滑稽感。

　　还有一事能间接反映出汪曾祺当时的复杂感受。黯然之下，汪曾祺约了一个朋友到家里喝酒。灯光昏暗，两人都沉默不说话，酒却是没少喝。五岁的女儿不懂事"人来疯"，抓起一把鸡毛掸子混耍一气……汪曾祺跳起来夺过鸡毛掸子，对着女儿就是一顿抽。女儿简直被吓坏了，又疼又委屈，一个劲儿地哭。很多年后，挨打的女儿总是提醒父亲：你打过我！

这是他仅有的一次对女儿动手。

汪曾祺后悔不已，说：早知道你会记一辈子，当时我无论如何都会忍一忍。

女儿显然不会记恨父亲，只是觉得自己能够理解父亲和酒的关系了。

汪曾祺的女儿回忆："记得有一次和爸一起看电视，谈到生态平衡的问题。爸说：'如果让我戒了酒，就是破坏了我的生态平衡。那样活得再长，有什么意思！'也许，爸爸注定了要一生以酒为伴。酒使他聪明，使他快活，使他的生命色彩斑斓。这在他，是幸福的。"

有人说汪曾祺的酒风就像他的文风一样潇洒、雅致。

不过，汪曾祺走进文学的道路并不算顺利，其中还得益于老师沈从文的指教。汪曾祺曾说："沈先生很欣赏我，我不但是他的入室弟子，可以说是得意高足。"

沈从文给予汪曾祺的，不只是文学本身的技巧。

从西南联大毕业后，汪曾祺来到上海求职，举目无亲，四望茫然，他一度想到过自杀。

沈从文当即致信他："为了一时的困难，就这样哭哭啼啼的，甚至想到要自杀，真是没出息！你手里有一支笔，怕什么！"

知徒莫若师。

后来在沈从文的推荐下，汪曾祺得以进入文学界，开启了他的文学之路。

再后来，汪曾祺因为"右派"下放劳动，向老师汇报身心"收获"时，住在北京阜外医院里的沈从文颇为欣喜，不时回长信给汪曾祺，其中不乏肯定、鼓励和安慰。沈从文引用孔子的一句话"毋必，毋固，毋我"鼓励弟子，说："一个人生命的成熟，是要靠不同风晴雨雪照顾的。"

1988年5月10日，沈从文先生逝世。汪曾祺永远记得送别先生的场景："不放哀乐，放沈先生生前喜爱的音乐，如贝多芬的《悲怆》等。沈先生面色如生，很安详地躺着。我走近他身边，看着他，久久不能离开。这样一个人，就这样地去了。我看他一眼，又看一眼，我哭了。"

巴金曾经撰文回忆在昆明的困难时期，沈从文请他吃了两碗米线，加一个鸡蛋，一个西红柿，就算一顿饭。汪曾祺记得清楚，这家米线铺就在沈先生住的文林街上，沈先生也请他吃过不止一次，吃米线时还喝酒。"沈先生在生活上极不讲究。他进城没有正经吃过饭，大都是在文林街二十号对面一家小米线铺吃一碗米线。有时加一个西红柿，打一个鸡蛋。有一次我和他上街闲逛，到玉溪街，他在一个米线摊上要了一盘凉鸡，还到附近茶馆里借了一个盖碗，打了一碗酒。他用盖碗盖子喝了一点，其余的都叫我一个人喝了。"

汪曾祺年轻的时候常常喝醉，据说他曾经喝醉睡在昆明街头，后来还是沈从文先生派人扶他到了住处，灌了好些茶才醒过来。

汪曾祺长子汪朗先生披露过一件事，说《扬州食话》里收了四大名人之宴，其中就有"汪氏家宴"，其他三宴是少游宴、板桥游和梅兰宴。"真不知道老头儿在世的话，会作何感想。是心中窃喜，还是说一句'瞎扯淡'，还是兼而有之，心中窃喜，但要说一句'瞎扯淡'。很可能是第三者。"

不妨看看这份"汪氏家宴"菜单：

冷菜：扬花萝卜拌海蜇、蒲包肉、凉拌荠菜、茶干丝、腐乳炝虾、酱鸭、五香螺蛳。

热菜：朱砂豆腐、油条揣斩肉、椒盐虎头鲨、蒜头烧鲇鱼、炒米炖蛋、油炸够鱼。

汤菜：咸菜慈姑汤。

汪氏家宴的其他菜肴，还有慈姑炒肉片、黄芽菜炒肉丝、车螯烧乌菜、车螯烧豆腐、蚬子炒韭菜、野鸭烧咸菜、荠菜馄饨、松花蛋、五香卤鹌鹑、凉拌枸杞头、荠菜春卷、醋熘皮蛋、风鸡、莼菜汤、炒灰菜、马齿苋包子、梅干菜烧肉、炝莴苣、苋菜秸臭豆腐、回卤豆腐干。

汪朗在文中声明：这汪氏家宴，是老头儿家乡高邮人以他文章中提及的菜肴，结合高邮乡土菜肴制作而成的。只是对于这种"让文人给饮食做招牌的事情"，他以为"不可过于认真。太认真，就入了魔障。你就能肯定东坡肘子会得到苏轼老先生及其后代的认可？"

坦然如父辈。

由此想到湖南凤凰曾有县领导要把一个广场命名为沈从文广场，找到沈从文长子沈龙朱，但龙朱先生坚决反对："父亲自己从来就反对挂名这些事，挂名这个，挂名那个，他特别不喜欢，特别反对。"

沈从文与汪曾祺的后人都继承了父辈的坚持和坦然，不折不扣。据说，汪曾祺20世纪80年代回家乡高邮时，见到继母任氏娘仍一如既往地行跪拜礼，但是被家人拦住了，只是打千礼拜了。

嗜酒归嗜酒，但汪曾祺从来不发酒疯，不闹酒，不劝酒。酒品见人品，诚是。

"不抽烟喝酒了，那活着还有什么意思？"汪曾祺曾经认可这种烟酒观。

但是到了晚年的时候，因为身体原因，汪曾祺不得不戒酒。77岁的时候，他引用舍伍德·安德生的话："他的躯体是老了，不再有多大用处了，但他身体内有些东西却是全然年轻的。"这话写完三个月后，汪曾祺先生在北京去世。

留下了一句诗云：悠悠七十犹耽酒，唯觉登山步履迟。

犹记得汪曾祺回忆他在美国时的写作经历。那时他已经年近古稀，但酒风不减当年，那是在爱荷华大学"国际写作计划"期间：

> 美国的习惯是先喝酒，后吃饭。六点来钟，就开始喝。安格尔很爱喝酒，喝威士忌。我去了，也都是喝苏格兰威士忌或伯尔本（美国威士忌）。伯尔本有一点苦味，别具特色。每次都是吃开心果就酒。聂华苓不知买了多少开心果，随时待客，源源不断。有时我去早了，安格尔在他自己屋里，聂华苓在厨房忙着，我就自己动手，倒一杯先喝起来。他们家放酒和冰块的地方我都知道。一边喝加了冰的威士忌，一边翻阅一大摞华文报纸，蛮惬意。我在安格尔家喝的威士忌加在一起，大概不止一箱。我一辈子没有喝过那样多威士忌。有两次，聂华苓说我喝得说话舌头都直了！临离

爱荷华前一晚，聂华苓还在我的外面包着羊皮的不锈钢扁酒壶里灌了一壶酒。

汪曾祺说过："一个人的口味要宽一点、杂一点，'南甜北咸东辣西酸'，都去尝尝。对食物如此，对文化也是如此。""最要紧的是对生活的兴趣要广一点。"看来他对酒的口味也很宽。他对美食的最大贡献是趣味。

正是在爱荷华的写作营里，汪曾祺结识了年轻的台湾诗人蒋勋。汪曾祺的出现，让蒋勋为之欣喜，并称为"喝酒的忘年交"：

喝酒的忘年之交里最让我心痛难忘的是汪曾祺。

曾祺先生小个子，圆圆的娃娃脸，有江南人的秀雅斯文。但我总觉得他不快乐，连喝酒也不快乐。

（一九）九〇年在爱荷华的国际写作计划，大陆作家同年有写《芙蓉镇》的古华，也有汪曾祺。《芙蓉镇》当时谢晋拍了电影，很红，但我来往多的是汪曾祺。

我跟汪是门对门，他写字画画，我也写字画画，他爱烹调，我也爱烹调，所以常常都不关门，隔着一道公众的走廊，串门子，硬是把西式公寓住成了中式的大杂院。

汪先生一大早就喝酒，娃娃脸通红，眯着细小的眼睛，哼两句戏，颠颠倒倒。

……

汪先生一醉了就眼泛泪光，不是哭，像是厌恨自己的孩子气的嗔怒。

……

喝醉了，他把自己关在密闭房间里抽烟，一根一根接着抽，烟多到火灾警报器尖锐大叫，来了消防车，汪先生无辜如孩子，一再发誓：我没开火啊——

我俯在他耳边悄悄说：等他们走了，我们把警报器拆了——

我们真的拆了警报器，他因此很享受了一段狂酒狂烟热油爆炒的日子。

最后一次见汪先生是在北京，朋友告诉我他喝酒喝到吐血，吐了血还是要喝。

我决定不带酒去看他，他看我空手，跑进书房，拿了一瓶老包装的茅台，他说：这是沈从文老师送我的酒，四十年了，舍不得喝，今天，喝了——

不多久曾祺先生肝疾过世，我拿出他送我的极空灵的《墨蝶》图斗方，自斟自饮喝了一回，祝祷他在另一个世界可以没有为政治"行走"的痛苦，也没有警报器"监视"的干扰。

『肚大能容』逯耀东

　　逯耀东每次回到苏州几乎都要尝遍苏州的点心，汤包更是喜欢。

　　美食家逯耀东从小喜欢演戏，且从小就喜欢演猫装狗，但身处抗战时期的偏远小城镇，总是没有机会大显身手。直到抗战胜利后，父亲逯剑华被委派到苏州做吴县县长，成为"二少爷"的逯耀东便开始实现自己的梦想了。他们的新式戏剧在逯府里就开演了。

　　"胜利后，复原到苏州，父亲在那里做父母官，我成了二少爷。一次，那里的影剧协会理事长给我一张名片，上面写了几个字。这几个字很值钱，看电影上戏院都不用买票。片子一亮，就可以划位子进场。"

自此，生于苏北丰县的逯耀东便开始与苏州结缘。当时苏州的戏剧集中地在北局，有大光明电影院、开明戏院，还有金星剧院。初中时逯耀东每天不想着好好上学，就由着车夫拉着转来转去，一直转到此地消磨掉下午时光。

从电影《八千里路云和月》《一江春水向东流》到林树森的《水淹七军》，到严俊的《雷雨》、陈笑亭的《伪巡长》，到范雪君的弹词《珍珠衫》，逯耀东观影看戏喜欢串场，看完了回到家还做"功课"，从《大戏考》里学了不少戏。当然这一切都是在瞒着父母的情况下进行的。

有一次，逯耀东"戏"胆包天，碰到《大戏考》的生字去找县长父亲请教。父亲一见，"怒从中来，劈头就是一巴掌，骂道：'没出息，去当戏子好了！'我挟着《大戏考》抱头鼠窜，接着往后几天，不敢上楼和父亲同桌吃饭"。

后来，逯耀东真的动心去当"戏子"了。当时他与一个隶属部队的《秋海棠》剧组致信联系，说他想去扮演其中一个角色。没多久，对方上门来接洽，但却直接去了父亲的房间。结局可想而知，县长父亲令他跪下来，说："成什么样子，成什么样子！放着好好的书不念，要去走江湖！"

面壁而跪的逯耀东知道，"走江湖"的理想要破灭了。第二天就被押着去住校了。原以为从此绝缘了剧场的逯耀东又迎来了一个新的机会。

从史料看，逯耀东的父亲逯剑华于 1945 年 8 月 15 日被国民党江苏省政府江南行署委任代理吴县县长，9 月 9 日到任。但是到了 10 月，该署就被撤销了，经调整后的省政府省务会议议决，仍派逯代理。到了 12 月份，逯剑华就被调离该职位，去了省里工作，当时省府应该是在镇江。

逯剑华就任的时机极其复杂，战后任命，官僚主义，趁机捞钱的抢位子的，乱象丛生。据说在他"接管"苏州时，"进城之时县长多至四人"，因为之前流亡政府的"县长"都出来了。又"进城之时军队有五十七个单位"，真是真假难辨。要官的要钱的，再加上"米价飞涨、百物腾贵，平民无以为生，痛苦难以名状"。为此逯剑华开始出售封存的敌产物资，希望能够提供救济，结果有些官吏从中发了横财。再后来逯剑华实施机构精简并裁员，这一举措遭到地方官员的要挟和抗议，弄得他左右为难，焦头烂额。1946 年 9 月 9 日，逯剑华述职时云："来苏瞬已期年，下车之初，曾以十事相约，以期收拾劫余，重正残破。惟以剑华才识短浅，智虑难周，县政繁剧，顾此失彼，兼之复员伊始，百端草创，人事既难以调整，经济又感于竭蹶，以至事与愿违，心余力拙，未能尽如初期，良用内疚。总之，一年来本人成绩，只有消极之整理，没有积极的建设。"

逯耀东也间接感受到了县长父亲的处境，就连中学里都受到了"反饥饿游行"以及上海学潮的影响，虽然中学生们都已经吃得饱饱的，但还是要紧跟形势，发起了有偿贴春联、有偿义演等活动，逯耀东就参加了一个名为"苏州戏剧研究社"的学生机构。虽然后来这些大小运动不了了之了，但这个剧社却继续在逯府里留存了下来。

逯府所在为苏州仓米巷口，古色古香的苏式宅院，人口少地方大，逯耀东主动邀请把剧社搬进家里。逯母宠爱孩子，任由逯耀东去玩，只要不去真当戏子就行。三四十人的演出队伍，常常进出逯府，而且还管吃管住，大家常常忙得不亦乐乎。对台词、画背景、排演、调油彩、练习声乐等，热闹了一阵子后，终于等来了公开演出。先是一幕儿童剧《巨人的花园》，接着是《雷雨》《大马戏团》《日出》等，好不过瘾。转眼大半年过去，突然有一天父亲回来了，家里乱糟糟的样子惹他大怒。若是在别人家，这样的乱象肯定会受到制止，但毕竟是前任县长府邸，乱世之际，并没有人上门来调查、干扰。但逯剑华责令即刻解散驻家的剧社，并要求儿子与之绝缘。

但逯耀东"戏"心不死，后来还是跟着剧社去常熟走了一趟江湖，演出了曹禺的《正在想》。但是一个 15 岁的孩子放着好好的书不读，出去走江湖很多天，显然是逯剑华所不能容忍的。于是盛怒之下，送逯耀东去了上海长子处，严令看管，督促学习。转眼到了1949年除夕，逯家处在是走还是留的关键时候。当时有人来请逯耀东留下，说可以直接进入熊佛西办的上海剧校。逯母不答应，说："这四个儿子我系在裤腰带上，我逃到哪里，他们就得到哪里……"

戏如人生，人生如戏。逯耀东到了台湾很多年后还是念念不忘苏州的少年时光。半个世纪后，当他再回到苏州时，竟然还见到了当年的剧社成员，回首往昔，不胜唏嘘。当然，当年那个"戏迷"逯耀东现如今早已经成长为历史学家和美食家。对于苏州的美食，最令他怀念的，当是苏州的面。

对于焖肉面，我情有独钟。

当年家住仓米巷。仓米巷到现在还是条不起眼的小巷子，但却是沈三白和芸娘的"闲情记趣"所在，芸娘这里表现了不少出色的灶上工夫。出得巷来，就是鹅卵石铺地的护龙街，过鱼行桥不几步，就是朱鸿兴了。每天早晨上学过此，必吃碗焖肉面，朱鸿兴面的浇头众多，尤其初夏子虾上市之时，以虾仁、虾子、虾脑烹爆的三虾面，虾子与虾脑红艳，虾仁白里透红似脂肪球，面用白汤，现爆的三虾浇头覆于银丝细面之上，别说吃了，看起来就令人垂涎欲滴。不过三虾面价昂非我所能问津，当时我虽是苏州县太爷的二少爷，娘管束甚严，说小孩不能惯坏，给的零用钱只够吃焖肉面的，蹲在街旁廊下与拉车卖菜的共吃，比堂吃便宜。所以对焖肉面记忆颇深，离开苏州，一路南来，那滋味常在舌尖打转，虽然过去台北三六九，日升楼有焖肉面售，但肉硬汤寡，面非银丝而软烂，总不是那种味道。

因此，当年在香港教书，初到内地行走，是到京沪讲学交流，我临时在上海南京之外加了个苏州，为的想吃碗焖肉面。所以，到苏州大学宾馆，刚放下行李，就出门叫了辆三轮，直放护龙街的朱鸿兴，到了朱鸿兴却是一堆断砖残瓦，壁上贴了张因改建新厦向旧雨新知致歉的告白。三年后重临，新厦虽已建妥却成了旧楼。楼下水迹满地，雾气弥漫，于是扶梯登楼要了碗焖肉面，但面用小宽，汤凉肉不软，对着这碗我千里来奔的焖肉面，只有喟叹了。

在一个清明的假期中，逯耀东再回苏州，寻找少年时的味道，也是为了寻找少年时的玩伴。虽然面的味道变了，但是他仍要继续寻找下去。

再到苏州，不是为了探幽览胜，为的是一圆少年时的梦。经过几位朋友的穿引，分别了52年的少年玩伴，在过去分别的地方再作一次聚会。从各地来聚的竟有三十多人。

　　我得到消息，于是似孤雁自海外飞来。虽说人生尽是悲欢离合，但这样当年离别时，正是少年十五十六时，现在再聚，都已历经沧桑白发皤然了，真的是人生难得几回聚。

　　当时的逯耀东还是翩翩少年，因为年纪小，在剧社首演的《巨人的花园》里扮演一个小个子的反派，名叫胡里，"专门帮助巨人搜刮与欺压花园附近的良民"。剧社旧友带来了当时的剧照，逯耀东"穿着一套京剧《时迁偷鸡》的黑紧身戏衣，头发披散，三角眼，两撇八字胡，的确很坏的样子"。逯耀东自叹："不知当时小小年纪怎么会扮出这个坏样来。"但演出效果很好，小朋友们都叫他"坏胡里"。半个世纪后再回来，逯耀东就住在观前街旁的乐乡饭店，距离当时演出《巨人的花园》的剧场不远，但是剧场早已经拆了，就连当时的很多地名、地点都发生了变化。站在苏州美食店号大鸿运的台上，逯耀东望着昔日的小伙伴们，真是少年子弟江湖老了。他不禁唱起了《四郎探母》：弟兄们分别五十春，就是那铁心人也泪涟涟……

　　感叹归感叹，美食归美食。既然已经回来，逯耀东无论如何也不会放过品尝旧时味道的机会。

　　逯耀东说：苏州人主食是米，但他们的早餐在家吃粥，出外则吃面。

　　苏州的面以浇头而论，种类繁多。所谓浇头，是面上加添的佐食之物。所有的面基本上都是阳春面，也就是光面。所谓阳春，取阳春白雪之意，非常雅致。阳春面加添不同的浇头而有焖肉、爆鱼、炒肉、块鱼、爆鳝、鳞丝、鳝糊、虾仁、卤鸭、三鲜、十景、香菇面筋等。所有浇头事先烹妥置于大盆中，出面时加添即可。另有过桥，材料现炒现爆，盛于一小碗中与面同上，有蟹粉、虾蟹、虾腰、三虾、爆肚等，不下数十种。

逯耀东记忆中的苏州面的形式，应该是民国时期的形式。内容是内容，形式是形式，有时候形式没有变化，不代表内容就没有变化。再看民国时吴中宿老朱枫隐的记录：苏州面馆中多专卖面，然即一面，花色繁多，如肉面曰带面，鱼面曰本色。肉面之中，肥瘦者曰五花，曰硬膘，亦曰大精头，纯瘦者曰去皮，曰瓜尖，又有曰小肉者，惟夏天卖之。鱼面曰肚当，曰头尾，曰惚水，曰卷菜，双浇者曰二鲜，三浇者曰三鲜，鱼肉双浇者曰红二鲜，鸡肉双浇者曰白二鲜，鳝丝面又名鳝背者。面之总名曰大面，大面之中又分硬面烂面，其无浇头者，曰光面，曰免浇。如冬月恐其浇头不热，可令其置于碗底，名曰底浇；暑月中嫌汤过烫，可吃拌面，拌面又分冷拌热拌，热拌曰鳝卤，肉卤拌，又有名素拌者，则镇以酱麻糟三油拌之，更觉清香可口。其素面暑月中有之，卤鸭面亦暑月有之。面亦有喜葱者曰重青，不喜葱者则曰免青；二鲜面又曰鸳鸯，大面曰大鸳鸯。凡此种种面色，耳听跑堂口中所唤，其如丈二和尚摸不着头脑也。

苏州的面除了浇头丰富，还讲究用面，当然在这期间也曾经历过变化，如面条的粗细。逯耀东的记忆是：

> 苏州面用的生面，最初是各面馆自制银丝细面。银丝细面细而长，韧而爽，久煮不糊不坨，条条可数。煮面用直径二三尺的大镬，黎明时分镬中水初滚，面投水中，若江中放排，浮于波上，整齐有序。再沸之后，即撩予观音斗中，观音斗上圆下尖，最初为观振兴所创，面入斗中，面汤即沥尽，倾入卤汤碗中，隆若鲫鱼背，然后撒葱花数点，最后添上浇头即成。最早入锅的面汤净面爽，所以，苏州人有黎明即起，摸黑赶往面店，为的是吃碗头汤面。

> 银丝细面民国以后改用机制，各面馆应用起来格外方便。不过，1949年后，新乐面馆异军突起，改用小宽面，各面馆争相效尤，连老字号的观振兴、朱鸿兴也用小宽面，小宽面入碗成坨，口感不爽，近十余年又恢复银丝细面。一种饮食传统经年累积，众口尝试已成习惯，不是轻易可以变更的。不过，小宽面并未废置，仍用于夏季的风扇凉面，过去凉面以电扇吹凉，故名。苏州的凉面皆用小宽面制成，也是一种饮食的传统。

　　银丝细面显然是文人对苏州汤面的一种升华，苏州面的细并没有细到龙须的程度，但又比寻常粉丝要细腻，生面并不够银白，但煮至大半熟时已经雪白，色如羊脂、凝膏，一条条笃定地盘卧在细瓷碗里，看上去就有一种安逸感。逯耀东提到的"头汤面"更显然是来自陆文夫《美食家》的传播。

　　逯耀东曾与陆文夫见过一面闲聊苏州美食，他说：陆文夫既非苏州人，也不是膏粱子弟，却能成为苏州的美食家，真是个异数。陆文夫在他的《吃喝之道》中说："我大小算个作家，我听到了'美食家陆某某'时，也微笑点头，坦然受之，并有提升一级之感。"陆文夫说他能懂得一点吃喝之道，是向他的前辈周瘦鹃学来的。

　　吃喝之道还要学习？逯耀东是学历史的，且富有成就，显然不会信口开河。

　　周瘦鹃的名声得益于一个名词"鸳鸯蝴蝶派"，可周瘦鹃身上又何止于文学一事。美食、园艺、生活无不头头是道。陆文夫常常随着周瘦鹃去松鹤楼吃饭，先要确定日期，并指定厨师，如果指定的厨师不在，则另选吉日。周瘦鹃说，不懂得吃的人是"吃饭店"，懂得吃的人是"吃厨师"，这是陆文夫向周瘦鹃学得的第一要领。吃的时候则是双拼或三拼，每人对每种炒菜只吃一两筷。周瘦鹃说，到饭店吃饭不是吃饱，只是"尝尝味道"。此为第二个要领。餐罢，厨师来问意见，周瘦鹃很难说个好字，只说："唔，可以吃。"那是怕宠骄了大厨。

只是后来形势剧变，全国人民同吃一碗饭，有段时间下乡的陆文夫连酒肉都要被禁了。陆文夫不甘戒律，学那革命的花和尚，深夜买了兔肉粗酒，一路上边走边吃，回到住处正好酒肉充腹，连酒瓶子都要灌满水沉入水底，可谓"毁尸灭迹"。终于迎来了拨乱反正，陆文夫说，中国人在一周内几乎把酒都喝得光光的，他痛饮了一个月，拨笔为文，重操旧业，《美食家》就此赫然登场。

读罢《美食家》，逯耀东迫切要见陆文夫。前后几次到苏州，总想和陆文夫见见面，但不是时间仓促，就是他在病中。有一年暑天，逯耀东在苏州有较长时间的居停，经友人联系，他们终于见了一面。当时陆文夫哮喘复发，手扶楼梯缓缓下来，他们见面握手，陪逯耀东来的友人说："两岸著名的美食家终于见面了。"逯耀东笑说："我不是美食家，是馋人。"陆文夫头发斑白，面容瘦削白净，说起话来缓慢斯文，年轻时可能像苏州弹词里的书生。逯耀东谈起老苏州饭店，陆文夫面色黯然，说这饭店原由他的女儿经营，她两年前过世了。然后他们谈起苏州菜色，陆文夫轻叹一声，然后说："世道变得太快，没有什么可吃了。"

此情，此景，令人想起了《美食家》里的绝句："斟酌桥边旧酒楼，昔年曾此数光筹。重来已觉风情减，忍见飞花逐水流。"

旧味不在，旧人已逝，但逯耀东听闻苏州面恢复用银丝细面了，仍然是"闻之心喜，驿马欲动"。再回太监弄，"穿过北局到朱鸿兴楼上，泡一杯碧螺春，大嚼一碗焖肉面，有时去松鹤楼楼下，吃碗卤鸭面和一客生煎馒头，虽然是蜻蜓点水的逗留，却已慰多年的思念了"。

再回到苏州，逯耀东充分发挥历史学家的专业和优势，对苏州面来了一次全面、系统、深入的考察。"饮食文化工作者的田野工作考察比较简单，只要两肩担一口，带着舌头满街走就行了。苏州面馆林立，街巷皆有。我居拙政园后面的北园路，是个僻静的所在，出门就有三家小面馆，出了北园路就是齐门路。"

现在苏州的面馆，不论大小，多是长条的板桌，进门买票，然后送到出面处，等待取面，和以往不同，或是当年粮票制度的遗痕。取面处和煮面的灶头，有一块大玻璃相隔，里面工作的情形一目了然，灶上放妥作料的面碗堆砌若金字塔，面自锅中撩起，面汤未尽，即倾入碗，加高汤，然后转至前柜加浇头，各种不同的浇头盛于大号的铝盆中，浇头种类，有焖肉、爆鱼、爆鳝、大排、炒肉、雪菜肉丝等等，然后取面，端到长条桌上埋头扒食起来，吃罢碗一推，起身就走，倒也迅速利落，不似当年付钱后，堂倌一串吆喝，什么浇头的面，面软或面硬，面浇或底浇，重青或走青，堂内相应，高低有致，而且堂倌报得很快又是苏白，外人很难听懂。不过，却非常热闹有趣，不像现在静静等待取面似排队领口粮，默默扒面似幼儿园排排坐吃果果，人来人往川流不息，甚是杳杂，很难细细品味碗中的面，似牛吃草，了无情趣可言。

我们早晨常来吃面，我吃的还是焖肉面，也是偏咸，后来熟了，我要灶上不要太咸，但原汤早已炖成，若要不咸只有加水，但水添多了汤又寡。于是改吃焖肉爆鳝双浇面。这时正是鳝鱼当令季节，苏州的爆鳝先将活剖的罐鱼腌制下锅炸酥透，然后回锅焐透，香酥鲜甜而无腥味，和杭州奎元楼的虾爆鳝、无锡聚丰园的脆鳝不同。我往往是焖肉面一碗，爆鳝过桥一小碟，另加切的嫩姜丝一盏，吃时将焖肉与爆鳝焐于碗底，然后将姜丝倾于银丝细面上一拌，此时爆鳝的甜鲜尽出，焖肉的咸味略减，苏州咸中带甜，甜中蕴鲜的风味似可回复几分。

一日午睡方醒，想起往来石路，都经过中西市皋桥，石路在阊门外，是观前街外的另一个闹区。老陆稿荐就在桥旁，老陆稿荐是二百年的老店，以酱肉酱鸭闻名，既以酱肉闻名，其焖肉面的汤底一定不错。于是起身驱车前往，当时正是午后，我独占板桌慢慢地吃起焖肉面来，果如我所料，焖肉面的汤不错，但还是咸了些。吃罢面又另带酱肉和糟鹅各一斤，酱肉已不似当年红艳艳入口即化，肥而不腻。夏令正是糟鹅上市的时候，但鹅瘦小如雏鸭，咸而无糟香，姑苏美食竟然至此，可以一叹！倒是出得门来，发现老陆稿荐隔壁就是六宜馆，六宜馆是百年徽州老馆子。不过，现在已经没落了，徽州馆子向以面点精细著名。

显然，苏州面已经变了，从形式到内容，从内容到形式。金孟远的《吴门新竹枝词》曰："时兴菜馆制家常，六十年来齿芳芬，一盏开阳咸菜面，特殊风味说渔郎。"《吴中食谱》有记载："面之有贵族色彩者，为老丹枫之徽州面，鱼、虾、鸡、鳝无一不有，其价数倍寻常之面，而面更细腻，汤更鲜洁，求之他处不得也。"这些恐怕都已经成为历史。

居苏三月，逯耀东前后竟吃了近四十碗焖肉面，饱食终日的意味里，也不乏遗憾，只是这遗憾并未能阻止逯耀东一次次回来寻找旧味。

借着对先师钱穆先生足迹的追寻，逯耀东多次回到苏州旧地，又是一轮对旧味的追溯和体味。

1927 年，钱穆曾在苏州教书多年，校园即为紫阳书院旧址。周边有沧浪亭、文庙、南园等景区，环境幽雅。执教之余，钱穆寻迹苏州旧书肆淘宝求知，可谓益乐。闲时便去观前吴苑深处与友三两人喝茶消磨，茶点有白糖松子、黄埭瓜子，还有生煎馒头、蟹壳黄、糕团等，背景音乐即为苏州评弹。后来他执教香港中文大学时，逯耀东还一度带了几盘苏州评弹的录音带，让老师旧音再闻，钱穆顿时若有所思。

苏州人的生活情趣，是明清以来文化的积累，北伐成功，定都南京至抗日的十年，正是这种生活情趣的最后的发展。以后这种雅致的生活情趣在八年抗战（现应为十四年抗战）中破灭，至四九年后翻天覆地，连城墙都扒了，苏州人的生活情趣已无迹可寻了。宾四先生在苏州的三年，正是苏州人生活情趣"夕阳无限好"的时期，却被他赶上了。

在离开苏州多年后，1940 年钱穆再次回到苏州，化名梁隐，与母亲在苏州隐居一年余。当时住在城东荒芜的耦园，钱穆闭门修书，专注《史记地名考》，自称为"淘生平最难得之两年"。

逯耀东曾在钱穆门下就读多年，每次回苏州都会去耦园流连，回去后向先生钱穆叙说耦园见闻感受，总是引得钱穆默然良久。再后来，逯耀东重访耦园，钱穆大去，便又是一番别样感受。直到钱穆先生安葬于苏州太湖之畔的西山岛后，逯耀东曾两次来拜，终于得成，只是借着机会再尝姑苏旧味时，更觉世事沧桑。

西山岛归来，自然要路过木渎灵岩山下的石家饭店，首味当选鲃肺汤，此名得益于于右任与李根源的雅兴，后来费孝通认为于右任将斑鱼说成鲃鱼，是吴语和秦腔的口音之差，费孝通说他查遍《康熙字典》，未见鲃字，而且鲃肺汤所用的主料，是斑肝不是鲃肺……对于这一考证，逯耀东认为"费孝通以所谓的科学的方法，讨论民间俚俗，就失去原有诗意和美感了"。逯耀东忆及早年居苏时，曾随父母秋游到灵岩、天平山，必会饭于石家饭店。当时尝了鲃肺汤和鲃肺羹，"羹香郁，汤清鲜，各有其美。也抓过满桌跳蹦的壮硕炝虾。当此节令还有一味以雄斑鱼的精白，俗称西施乳，与新剥的蟹粉同烹，香醇柔滑，是人间的至味"。

只是这一趟清明之游，再点鲃肺汤、鲃肺羹，对方依旧是吴侬软语，说的却是："对勿住，格个辰光，鲃鱼勿当令，有格，要先日预定。"于是退而求其次，点了三虾豆腐、石家酱方、塘鱼莼菜羹等。到了次年重阳，逯耀东偕夫人再赴太湖西山拜谒钱穆先生墓，终于见着，心中安然。回头时再食石家饭店，也尝到了鲃肺汤，"然味不如前"。

晚年时的逯耀东已经走遍了塞北、江南，也吃遍了北京、南京，但是心底深处还是惦恋着苏州。他笔下的姑苏城暮色令人怅望，并感受到别样的历史况味。他一次次再回到苏州，升起的不只是近乡情怯的感怀，还掺杂着对父辈历史的记忆和凭吊。逯剑华生长于丰县，少时就养成燕赵悲歌的慷慨豪情，迫切要加入革命的队伍，中学毕业后即考入苏州中华体专，并改名为剑华。"梁溪问道攻汉学，曾游姑苏习武艺。学书学剑愧不成，报国有心才不济。"毕业后迫于生计，逯剑华又去了东南大学修习乡村教育。直到北伐成功后，他才因为好友王公玙入江苏省党部并任职到丰县从而由教转政。

从"八一三"开始，逯剑华辗转上海、长沙等地任职，其间几经历险。赶走了日本人后，逯剑华再回苏州旧地，是希望能够踏实做些事情的，只是时机不饶人。他的离去显然是带着些许狼狈和尴尬，此后的几届县长也是一个个都不怎么成气候的。

到了台湾后，逯剑华重新执教，讲台生涯大半生，颇受学生们爱戴，只是在他的内心里，更多的是伤感和遗憾，以致郁郁早逝。他的诗词里似乎总能找到些许他执政姑苏的答案。

入山原不在山深，蜗居清幽近茂林。

数种草在植庭畔，两间精舍掩藤阴。

壮怀岂逐春光老，敌忾犹疑剑气森。

惟愿鲁阳戈返日，故园无待梦中寻。

二十年鱼沉雁杳，乱世飘零，生死祸福谁能料，旧情去难掉。北望燕山愁无限，恨多少？

闲来便有酒杯宽，常共黄花同醉倒。笑煞平生为口忙，事业荒唐我已老。

当逯耀东归于道山时，昔日的姑苏同伴们依旧在他们相聚的地方为他追思、怀念。他们说，逯耀东热情、正直、充满爱心。当年他们一群青春激昂的年轻人组织剧社，若没有逯耀东的慷慨相助，提供活动场地，并来回帮忙联络，这个剧社恐怕早就偃旗息鼓了。当年，他们一起演出为贫困生募捐，一起演出进步的剧作呼唤正义和良知，一起释放青春的激情、抒发爱国之志。那是一个再好不过的年代，尤其是对于他们这群年轻人来说。他们后来还说，其实他们中的一些战友是真的"战友"，或者可以称为"地下工作者"。但他们依然亲切地称呼"县长的儿子"逯耀东为"战友"。正如他们最后的挽联：斯时斯地斯人今何在，难寻难觅难见旧时友。

这样的"县长的儿子"恐怕真的难寻难觅了。

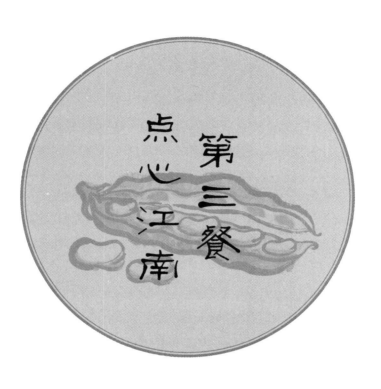

第三餐

点心江南

于右任的『肺腑之味』

位于苏州灵岩山脚下的石家饭店，因为于右任的光顾和题字，带出了一味名菜"鲃肺汤"。

1943年，身为"国民政府委员"的周作人受邀南下游山玩水，品尝佳肴，并对一味"三虾豆腐"大加赞赏。临走时，周作人赠诗一首："多谢石家豆腐羹，得尝南味慰离情。吾乡亦有姒家菜，禹庙开时归未成。"

周作人念念不忘的这家饭店有点不寻常，而它的出名最早却是与著名书法家、国民党元老于右任有关。

这家饭店名曰石家饭店，坐落在苏州木渎灵岩山下，距离太湖不远，捕虾捉鱼，得天独厚，且方便来往登山的游客顺路就餐。

这家据说创于乾隆年间的老字号，原是夫妻店，老板善于经营，自创招牌菜"鲃肺汤"，引来不少文化名人到此雅聚。

于右任在国民政府就职时喜欢到处游走察看民情。1927年秋季，于右任来到苏州，慕名拜访光福胜地，看到满树金桂飘香，顿时来了灵感，挥毫写下了《邓尉看桂》："家家摘蕊尽盈筐，晚桂丰收万井香。曳杖行吟香雪海，人间何事不能忘。"

于右任喜欢江南胜境也是自有原因的，据说他的夫人黄纫艾原籍就是苏州，在苏州他又有好友李根源、章太炎、汪东等。

老朋友多次来到苏州，自然要游山玩水，参观胜地。如李根源寓居苏州多年，早已成为"新苏州人"，自然会安排到位。于右任在游览完光福各地胜迹后，一路诗兴大发，不时有好句子出现。吃饭的地方就安排在了木渎灵岩山下的石家饭店，这里有一道名菜"鲃肺汤（原名斑肝汤）"，鲜香独特，口味丰富。

鲃肺汤在历史上已经有之，其选料也不一般。袁枚《随园食单》有记："斑鱼最嫩，剥皮去秽，分肝、肉二种，以鸡汤煨之，下酒三分、水二分、秋油一分；起锅时，加姜汁一大碗、葱数茎，杀去腥气。"秋油即酱油。老早的时候没有味精、鸡精，去腥提鲜全靠葱姜粗酱和烹饪技巧。

这种鱼形似河豚，但无毒性，太湖、长江皆产，背有黑花纹，鱼肚雪白。苏州美食家、作家陆文夫在小说《美食家》里借老厨师的话说："比如说鲃肺汤，那是用鲃鱼的肺做的。鲃鱼很小，肺也只有蚕豆瓣那么大，到哪里去找大量的鲃鱼呢？其实那鲃肺也没有什么吃头，主要是靠高汤、辅料。"

于右任食毕斑肝汤后，感触颇深，信笔在墙壁上写下了一首诗："老桂花开天下香，看花走遍太湖旁。归舟木渎犹堪记，多谢石家鲃肺汤。"这道菜本是斑鱼烧制，于右任生于关中三原，其陕西口音较重，读出来就是鲃鱼，而饭店老板顺势定名鲃肺汤。这道菜自此闻名四方。

1928 年，于右任游览苏州之事还被刊登上了媒体。当年 11 月 1 日的《新闻报·快活林》载："去秋于右任游邓尉时，已多咏桂之诗，今秋纵览虎丘、灵岩之余，重游邓尉，其诗又多可记。《咏桂》诗云：

老桂花开天下香，看花走遍太湖旁。

归舟木渎犹堪记，多谢石家鲃肺汤。

味其诗，足征桂花之多与髯翁之豪放矣！

鲃鱼小而肺大，秋冬之间，味尤肥美，苏城餐馆虽多应时供客，而烹调之法，乃远不及乡村。木渎有石姓酒家，作此尤精，于髯归途偶饭于此，即景题壁，一诗流传，遂使乡村风味与石家小店，声价顿增十倍也。"

可见，于右任的题诗使得店家的菜价也都跟着上涨了。后来还有一种说法是，于右任最初题诗是在饭店墙壁上的，老友李根源看了之后，觉得"鲃"不对，就圈出来做了修改。于右任听闻后不服气，索性重写了一张卷轴再次赠送给石家饭店，自此石家饭店更有名气了。据说后来到此就餐的著名学者费孝通也曾对这个"鲃"字做过修改。只是很多食客早已先入为主，并觉得即使是一时笔误，倒也不失为一种饮食美谈。

到了1943年，周作人前来光顾石家饭店时，似乎并未提及这道著名的鲃肺汤，或许是因为正处于战时，物资匮乏，难以制作。不过他却对该店一道"虾仁红烧豆腐"起了兴趣，当时报道说这道菜又香又嫩，使得主客食欲大起，一盘见光。一旁观察的石老板赶紧吆喝伙计，再上两盘来，而且不算钱！大家笑谈："那我们岂不是吃老板的豆腐了！哈哈！"

查这道菜现名"三虾豆腐"，三虾为虾仁、虾脑、虾子，合力煨出来一盘水乡水豆腐，自然是鲜到眉毛脱落了。江南人很会深加工食料，姑苏老字号的虾子鲞鱼、虾子酱油至今畅销，家常一改虾干为鲜虾烹制虾子酱油拌面或煮豆腐，有老饕形容说"那是打着耳光也不肯放的"。酒足饭饱。临走时，周作人赠诗一首，"多谢石家豆腐羹"。

　　到了 20 世纪 90 年代，就任全国人大常委会副委员长的费孝通率队南下考察也曾受邀到石家饭店就餐，并撰写《肺腑之味——苏州木渎鲃肺汤品尝记》一文刊登在《中国烹饪》杂志上，更是为石家饭店做了一个大广告。

　　根据《木渎镇志》记载："石家饭店创业于乾隆五十五年（1790 年），初名叙顺楼菜馆，又名石叙顺。""该店善用太湖淡水鱼鲜烹调，历经数代，形成了以十大名菜为主的独特菜肴体系，世有石菜之誉。"其实不管是叫鲃鱼还是叫斑鱼，已经不重要了，这种模样有点像河豚的鱼种，以鱼肝肥嫩、肉质细腻著称，因着几位名人的先后品尝和题跋，使得它的名声大噪。

　　在此不妨再说说于右任对苏州的感情。有一年我去西安走访于家后人，是于右任的一位本家侄子，在书院门那里规划建造了一处于右任书法艺术馆，院落古典，透着关中书香门第的气息，内中布置有于右任的生平纪事，当然更少不了于右任的书法大作，看得人精神抖擞。不同时期的作品有着不同的气象和气质，记得西安好友王润文说过，看过很多人的字后，还得回到于老的作品上，耐看、耐读、大气。在餐馆的时候我和他们提到了于右任在苏州的一件事，那就是购置墓地。

　　于右任当年在夫人黄纫艾游览光福时，就有心在玄墓山"购墓地、筑寿圹"。好友李根源即由圣恩寺住持中恕引导，与于右仁持罗盘循寺周踏勘，最终选定寿穴址在寺前明初古钟楼侧旁。墓园占地两亩，当时还办理了产权转移手续，李根源题写了"三原于界"界碑。

1928 年，黄纫艾在沪病逝。其灵柩由火车载运抵苏，暂寄留园附近的永善堂，后来又暂葬在葑门外基督教公墓安乐园。1949 年于右任从重庆去了台湾，最终也是葬在了台湾。因此，这处墓地始终还是空置着。当时我与于家人开玩笑说，按说产权还应该属于于家。时至今日还能看到那块界牌，只是人们只知道于右任与石家饭店的故事，却不知于右任健在时就有心埋骨在吴中的逸闻。

话说石家饭店得了名人效应的便宜，更是不断吸引名人前来光顾。后来，文人金性尧、苏青等人来到了石家饭店，说是冲着周作人的那句"多谢石家豆腐羹"，就点了这道菜。金性尧说，名不虚传；苏青则不以为然，把所谓的鲜美归因于当时那些人游山饿了的缘故，还怀疑这道菜的味精放了不少。总之到了后来，人们一批批地前去慕名品尝，总是失望大于期望，所谓"观景不如听景"，美食也是这个道理。同时也可以看出，美食与历史一样，都是由名人创造的。

俞平伯的家传菜谱

炸响铃儿是俞家人喜欢的点心，名字听上去就很好听，当然看着也很有趣。

光绪三年（1877年）秋天，俞樾执教"诂经精舍"已满十年，众弟子念师恩，集资为老师修建了一座楼，即俞楼。

当时俞樾以诗感谢：桥边香冢邻苏小，山上吟庵伴老坡。多谢门墙诸弟子，为余辛苦辟新窝。

俞楼在孤山西侧，后方有饭店名号楼外楼，且此楼所创多少与俞楼有关。楼外楼慕俞樾之名请题饭店匾额，可惜今日已不存。楼外楼的菜肴，俞樾显然不会少尝了。《曲园日记》中即有此类记载，乳莼、猫头笋、鱼羹等，其中又以"醋熘鱼"

为最。

俞平伯自述出生得晚，未赶上"俞楼时光"。到了他这一代再回俞楼时，已经改朝换代十几年了，"我们很省俭，只偶尔买些蛋炒饭来吃"。

俞樾执教西湖之畔时，曾建言改造菜式。如中州鱼羹原用黄河金鲤，而江浙鲤鱼又不及其他河鱼肥嫩，曲园老人建议改用西湖草鱼，兼取宋嫂鱼和德清人烹鱼的方法，烧煮西湖醋鱼，结果大受好评。曲园老人因此赋诗：宋嫂鱼羹好，城中客来尝。况谈溪与涧，何处白云乡。

俞樾由杭州迁居苏州后，仍念念不忘西湖菜式，并着家厨传习家乡口味。这一回，俞平伯倒是赶上了。

俞平伯于 1900 年生于苏州，生的那天是腊八节。俞樾年届80，喜得曾孙，欣喜不已，命名"僧宝"。两个月后，曲园老人亲自抱着僧宝进行双满月剃头礼，并作诗纪念：

> 腊八良辰产此儿，而今春日已迟迟。
>
> 欣当乳燕出巢候，恰直神龙昂首时。
>
> 胎发腻仍留丱角，毛衫软不碍柔肌。
>
> 吾孙远作金台客，劳动衰翁抱衮师。

曲园老人后又亲自送曾孙僧宝入学开蒙，并赐联：培植阶前玉，重探天上花。

1907 年，俞樾在苏州曲园去世。七年多后，俞平伯考上北京大学，毕业后留学英国，其间曾作诗词寄于夫人许宝驯，有句为"花花草草随人住，形影相依无定处。江南人打渡头桡，海上客归云际路"。

想必俞平伯是想家了。少年苏州，壮年京城，但俞平伯怀恋的还是家乡德清，当然更少不了家乡的美食，犹记得曾祖父的日记所录："吾残牙零落，仅存者八，而上下不相当，莼丝柔滑，入口不能捉摸……因口占一诗云：'尚堪大嚼猫头笋，无可如何雉尾莼。'"

再回到西湖之畔，俞平伯不禁遥想起曾祖父当年吃蔬菜的情景："公时年七十二，自是老境，其实即年青牙齿好，亦不易咬着它，其妙处正在于此。滑溜溜，囫囵吞，诚蔬菜中之奇品，其得味，全靠好汤和浇头（鸡、火腿、笋丝之类）衬托。若用纯素，就太清淡了。"俞平伯还举例说明，有一种罐头，内分两格，须两头开启，一为莼菜，一为浇头，各开启后合之为莼菜汤，只是不知道这类产品产于何年何月何地。

延续曾祖父诗意，俞平伯作《双调望江南》：

西湖忆，三忆酒边鸥。楼上酒招堤上柳，柳丝风约水明楼，风紧柳花稠。　鱼羹美，佳话昔年留。泼醋烹鲜全带冰，乳莼新翠不须油，芳指动纤柔。

说到莼菜，无疑会令人想到"莼鲈之思"，想到江南美食家张翰。江南湖泊，多产莼菜，但以太湖莼菜为最，俞平伯说西湖莼菜量少，因此杭州人多食绍兴湘湖莼菜。俞平伯以"乳莼"言其滑腻，以"新翠"言其秀色，"不须油"则是说清汤。可见，俞平伯已经继承家学，开始学着曾祖父的样子留意家乡美食了。

"苍峦翠径微阳侧，凭我低徊缓缓行。"告别家乡不久，俞平伯要继续西行。这一次他受公派去美国考察教育，临行前舍不下出生一个月的小儿及产后的爱妻，只是握手说了声"珍重"。在杭州车站幸而遇见了同去上海的挚友朱自清。此前两人曾在宁波春晖中学执教，交情颇深。俞平伯后来访美归来不久即辞去上海的教职，应邀到春晖中学回访老友朱自清。故友重逢，分外欣喜。朱自清犹记得他送俞平伯赴美的那天，早晨即有人来送行，但他一直坚持到晚间老友乘船驶去的那一刻才离去。雨夜里，两个人尝了不少野味，竹鸡、鸽、鹌鹑、水鸭、麂肉，两顿晚饭，不知不觉喝了"宁""绍"两斤酒。朱自清泥醉，但俞平伯未醉，还为朱看诗稿。

就在前一年，两人还曾同游南京秦淮河，作了同题文章《桨声灯影里的秦淮河》。应该说，两人笔下的水影、脂香各有千秋，但俞平伯还不忘记写一笔那晚的开胃茶点："在茶店里吃了一盘豆腐干丝、两个烧饼之后，以歪歪的脚步踅上夫子庙前停泊着的画舫，就懒洋洋躺到藤椅上去了。"这次夜游，据说正是冲着《儒林外史》上的一句话——"菜佣酒保都有六朝烟水气"。

秦淮河夜游，两个文人狼狈逃离脂粉香，但是，两人的友谊更近了一层。朱自清曾在致俞平伯信中说："我们不必谈生之苦闷，只本本分分做一个寻常人吧。"俞平伯说朱自清于他是"友直，友谅，友多闻"，总之是受益良多。回想往昔，俞平伯说他能记起自己曾劝朱自清戒酒。再后来，两人住处都在清华大学宿舍，此时朱夫人已经病逝，朱孤身一人，生活困难。俞平伯请朱自清到家里来一日三餐，朱自清坚决要算伙食费，俞平伯哪里肯收这笔钱。但朱自清一定要给，俞平伯只得每月收下十几元，暗中又都把这些钱用在了朱自清的伙食上。朱自清也一直记得俞家的饭菜丰盛可口，后来才知道那是因为他在俞家搭伙的原因。

1948 年朱自清去世，俞平伯伤心之下做长文纪念，并引用朱自清的文章以自励："人生如万花筒，因时地的殊异，变化不穷，我们要能多方面的了解，多方面的感受，多方面的参加，才有真趣可言……"

杭州清河坊的油酥饺子，好吃与否且不论，只是因为朱自清有诗赞及，俞平伯便去买来尝尝，走在路上先让给女士们吃，结果"她们以在路上吃为不雅而不吃"，俞平伯便一个人吃完了。

冰冷的油酥饺子好吃吗？但俞平伯还是会买来吃，一边吃还一边想着朱自清的话："这是我一首诗的力啊！"

在西南联大时，朱自清曾有诗遥寄俞平伯："西部移居邻有德，南国共食水相忘。平生爱我君为最，不止津梁百一方。"

就在朱自清去世前，俞平伯还专门和诗送朱自清："世味诚如鲁酒薄，天风不与海桑枯。"

俞平伯的诗境总是比朱自清的要宽阔、泰然。

就在前一年，俞平伯还坦然撰文谈"吃在这年头"。其中提到一件事，在对虾上市的时候，俞母去购买，"看见对虾，忽然'飘起了美丽的梦'；一步步挪到摊子跟前，嗫嚅问价，（买得成否，那是另一问题，梦的现实性，是专家还没有研究出来吗？）摆摊的尚未答言，突由旁边闯过油晃晃的厨师一名，挺起装满法币的大口袋，伸出巨灵之掌，把我母一推，大声叱曰：'去，去！你买不起，别耽误事儿。'我母亲逡巡而归，回家一说，美梦一齐打破，全家静默三分钟。阿门！"

俞平伯曾说："我想吃，就证明身体需要。"

"文革"时期，俞平伯被打倒后全家搬往"五七"干校。俞先生下乡努力学着搓麻绳，还写诗为证，但是他想吃，本能地想吃。他去赶集时看见农民卖青虾，买了一斤，掏出10元钱给人家，还觉得挺便宜，而实际上，当时虾才8角钱一斤。

俞平伯喜欢吃虾，什么虾都可以，而且会吃："鱼虾，江南的美味。醋鱼以外更有醉虾，亦叫炝虾，亦活虾酒醉，加酱油等作料拌之。鲜虾的来源，或亦竹笼中物。及送上醉虾来，一碟之上更覆一碟，且要待一忽儿吃，不然，虾就要蹦起来了，开盖时亦不免。"

只是，不知道此时的俞夫人会作何感想？

抗战期间，俞家生活困顿，俞平伯每月的讲课费不过值几斤米面，全靠夫人许宝驯苦苦支撑，后来还自制杏仁茶摆摊子卖，但还不能维持。俞平伯不禁黯然："谁教同住乱离年，苜蓿阑干对惘然。不与君家成宅相，翻嗟米尽折花钿。"

夫人许宝驯是俞平伯舅父家的女儿，他们第一次见面是在苏州曲园。当时许宝驯四岁，俞平伯尚在襁褓。许宝驯后来有诗为记：

> 我初见他在江南，他说：
>
> 春天是温柔的，
>
> 夏天是茂盛的，
>
> 秋天是爽快的，
>
> 冬天是窝逸的。

两年后，许宝驯随父远赴高丽，后因战事又回到苏州。这一年，她 10 岁，他 6 岁。两人青梅竹马，一起玩弄五颜六色的蜡烛，点燃它们，看滴泪成珠，然后再收集起来。俞平伯有诗记：

> 红绿色的蜡泪，
>
> 我们俩珍藏着，
>
> 说是龙王宫里底珠子。
>
>
> 后来，封藏的蜡泪，
>
> 融成水晶样了。
>
> 人们叫它们做"泪珠"，
>
> 常常在衣襟上滴搭着。

直到有一天，即将迈入成年的俞平伯迎来了一个美妙的时光：

> 有一天，黄昏时，
>
> 流苏帽的她来我家。
>
>
> 又有一天的黄昏时候，
>
> 她却带着新娘的面纱来了。
>
> ……

婚后不久，俞平伯曾回到杭州寻味。当时为他寻味"羊汤饭"的就是舅父。

湖滨酒座擅烹鱼，宁似钱塘五嫂无？盛暑凌晨羊汤饭，职家风味思行都。

"二十年代初，我在杭州听舅父说有羊汤饭，每天开得极早，到八点以后就休息了。因有点好奇心，说要去尝尝，后来舅父果然带我们去了，在羊坝头，店名失忆。记得是个夏天，起个大清早，到了那边一看，果然顾客如云，高朋满座。平常早点总在家吃，清晨上酒馆见此盛况深以为异，食品总是出在羊身上的，白煮为多，甚清洁。后未再往。看到《梦粱录》《武林旧事》，皆有'羊饭'之名，'羊汤饭'盖其遗风。所云'职家'等等疑皆是回民。诗云'行都'，南渡之初以临安为行在，犹存恢复中原意。"

只是，再游故地，物事迁移，就连巍峨的雷峰塔都轰然倒下了。"千年坏土飘风尽，终古荒寒有夕阳。"再后来颇为喜欢雷峰塔塔砖的岳父也去世了，"临去秋波那一转，西关残塔已全消"。回到京城后，俞平伯还依稀记得住在俞楼的那个不得劲的西湖之夏，船是破船，湖楼喧哗，广告灯船，水泥栏杆，画着浓妆的招牌女郎……先是为了划船，那天的饭是很不得味地匆匆吃了；匆匆归来后，嚼着备在船上的火腿，却发现咸得很，乏味乏味。

西湖之畔，显然已不再是曲园老人诂经精舍时期的雅趣了："精舍有楼三楹，余每日凭栏俯瞰，湖光山色，皆在几席间，甚乐也。每思造一小舟，舣之堤下，兴之所至，纵其所如。暮景晨曦，随时领略，庶几不负湖居。"

在京居住多年，俞平伯中外菜式吃了不少，但心底里怀念的到底还是家乡菜：

> 杨柳旗亭堪击马，
>
> 却典春衣无顾藉。
>
> 南烹江腐又潘点，
>
> 川闽肴蒸兼貊炙。

直到古稀之年，俞平伯还在暗自喟叹："韶光水逝，旧侣星稀，于一饮一啄之微，亦多怅触，拉杂书之，辄有经过黄公酒垆之感，又不止'襟上杭州旧酒痕'已也。"

想必俞平伯又思念起了曾祖父。曲园内家厨按照俞樾的意思烹饪西湖美味。"我未到杭州，即已尝过杭州味。我曾祖来往苏、杭多年，回家亦命家人学制醋鱼、响铃儿。"

婚后不久，俞平伯曾去俞楼旁的楼外楼观察醋鱼做法：

"泼醋烹鲜"是做法。"烹鱼"语见《诗经》。醋鱼要嫩，其实不烹亦不熘，是要活鱼，用大锅沸水烫熟，再浇上卤汁的。鱼是真活，不出于厨下。楼外楼在湖堤边置一竹笼养鱼，临时采用，我曾见过。"全带冰（柄）"是款式，醋鱼的一部分。客人点了这菜，跑堂的就喊道，"全醋鱼带柄（？）"，或"醋鱼带栖"。"柄"有音无字，呼者恐亦不知，姑依其声书之。原是瞎猜，非有所据。等拿上菜来，大鱼之外，另有一小碟鱼生，即所谓"柄"。虽是附属品，盖有来历。词稿初刊本用此字谐声，如误认为有"把柄"之意就不甚妥。后在书上看到"冰"有生鱼义，读仄声，比"柄"切合，就在誊本中改了。

由一句"带柄（冰）"，俞平伯略施博学展开去，并推论出邻国日本的美食渊源：

尝疑"带冰"是"设脍"遗风之仅存者，"脍"字亦作"鲙"，生鱼也。其渊源甚古，在中国烹饪有千余年的历史。《论语》"脍不厌细"即是此品，可见孔夫子也是吃的。晋时张翰想吃故乡的莼鲈，亦是鲈鲙。杜甫《阌乡姜七少府设鲙戏赠长歌》诗中有"饔人受鱼鲛人手，洗鱼磨刀鱼眼红，无声细下飞碎雪，有骨已剁嘴春葱"等句，说鱼要活，刀要快，手法要好，将鱼刺剁碎，撒上葱花，描写得很详细。宋人说鱼片其薄如纸，被风吹去，这已是小说的笔法了。设鲙之风，远溯春秋时代，不知何年衰歇。小碟鱼冰，殆犹存古意。日本重生鱼，或亦与中国的鲙有关。

就此，汪曾祺也曾有过一番考据，与俞平伯说法有所同异，但可资参考：《论语·乡党》："食不厌精，脍不厌细"，中国的切脍不知始于何时。孔子以"食""脍"对举，可见当时是相当普遍的。北魏贾思勰《齐民要术》提到切脍。唐人特重切脍，杜甫诗累见。宋代切脍之风亦盛。《东京梦华录·三月一日开金鱼池琼林苑》："多垂钓之士，必于池苑所买牌子，方许捕鱼。游人得鱼，倍其价买之。临水斫脍，以荐芳樽，乃一时佳味也。"元代，关汉卿曾写过"望江楼中秋切脍"。明代切脍，也还是有的，但《金瓶梅》中未提及，很奇怪。《红楼梦》中也没有提到。到了近代，很多人对切脍是怎么回事都茫然了。脍是什么？杜诗邵注："鲙，即今之鱼生、肉生。"更多指鱼生，脍的异体字是"鲙"，可知。

　　杜甫《阌乡姜七少府设鲙戏赠长歌》对切脍有较详细的描写。脍要切得极细，"脍不厌细"，杜诗亦云："无声细下飞碎雪。"脍是切片还是切丝呢？段成式《酉阳杂俎·物革》云："进士段硕常识南孝廉者，善斫脍，谷薄丝缕，轻可吹起。"看起来是片和丝都有的。切脍的鱼不能洗；杜诗云"落砧何曾白纸湿"，邵注："凡作鲙，以灰去血水，用纸以隔之"，大概是隔着一层纸用灰吸去鱼的血水。《齐民要术》："切鲙不得洗，洗则鲙湿。"加什么作料？一般是加葱的，杜诗云"有骨已剁觜春葱"。《内则》："鲙，春用葱，夏用芥。"葱是葱花，不会是葱段。至于下不下盐或酱油，乃至酒、酢，则无从臆测，想来总得有点咸味，不会是淡吃。

切脍今无实物可验。杭州楼外楼解放前有名菜醋鱼带靶。所谓"带靶"即将活草鱼的脊背上的肉剔下，切成极薄的片，浇好酱油，生吃。我以为这很近乎切脍。我在一九四七年春天曾吃过，极鲜美。这道菜听说现在已经没有了，不知是因为有碍卫生，还是厨师无此手艺了。

日本鱼生我未吃过。北京西四牌楼的朝鲜冷面馆卖过鱼生、肉生。鱼生乃切成一寸见方、厚约二分的鱼片，蘸极辣的作料吃。这与"谷薄丝缕"的切脍似不是一回事。

中国文人吃饭，总会有一种"职业习惯"，喜欢探究渊源，茶余饭后顺手做一番考据，娱人娱己，不亦乐乎？

若是食物能够有所选择的话，恐怕它们都愿意输入文人口，反正都是牺牲，何不牺牲得有点儿价值？

更何况这道菜对于俞平伯来说，意义非常，曾祖父远隔湖山带到异乡，其中更是蕴含着几多乡思。

只是俞平伯似乎未能按照曾祖父的生前寄望走进科场。日新月异，改朝换代，科举废除。俞平伯少时似乎就无心仕途，在他17岁时的旧文可见这样的句子："清宫球马，不转盼而铜驼荆棘，民宪昙花，曾几时而夕阳流马，沧桑几度，此书亦有感否耶。"一甲子后，俞平伯还为此句注释："此题极怪，岂愚蒙无别择，抑有所讽刺，相隔六十载，莫能明也。"

再读父亲俞陛云写于任期内的旧诗，俞平伯更为感慨："世事推移卅载中，朝臣遗范溯咸同。束身颇畏清流议，冷官曾无竞进风。生计从容蔬米贱，烽烟安静驿程通。辇书弱冠春明道，曾见开元鹤发翁。"

俞陛云在光绪年以一甲三名赐探花及第，后进入仕途编修。民国后编修清史，并与溥仪颇有交情。但是溥仪伪满洲称帝后，邀他前去辅佐，他遂与之绝交。

日伪时期，俞平伯的父亲虽居北平，却不染政事，宁愿卖字为生。

"记有而翁前事在，尚期无负旧书香。"这是俞平伯开蒙入学的那天，曾祖父的寄望。

或许，这才是曲园老人对曾孙俞平伯的真实期望。

俞平伯不负祖望。他开创了一个真正"平民化"的诗歌时期，无论是《红楼梦》，还是《浮生六记》，还是新诗歌，俞平伯总是在踏实地过着自己的"平民底生活"。他曾呼吁："我们要快快活活地活着，但更要依着值得活的去活着。"

由此想到了曲园老人的达观，《春在堂》有记："湘乡公喜谐谑，因余锐意著述，戏之曰：'李少荃拼命做官，俞荫甫拼命著书，吾皆不为也。'余闻而自愧，亦以自喜。然少荃伯相，功业灿然，为中兴之冠。余穷愁著书，酱瓿上物耳。且自中州罢归，已逾十稔，而所著书，止一百余卷。乃与中兴名臣同一拼命，岂命果有贵贱乎？……文士名心，书生习气，缄石知谬，享帚自珍。……"

很显然，这一老一少，走的还是一条可爱的路径。

到了晚年的时候，俞平伯还在挂念着曾祖父给予的一味美食——响铃儿。

> 醋鱼之外如响铃儿，其制法以豆腐皮卷肉馅，露出两头，长约一寸，略带圆形如铃，用油炸脆了，吃起来花花作响，故名"响铃儿"。"儿"字重读，杭音也。《梦粱录》曰："中瓦子前谓之五花儿中心"，三字杭音宛然相似，盖千年无改也。后来在杭尝到真品，方知其差别。即如"响铃儿"，家仿者黑小而紧，市售者肥白而松，盖其油多而火旺，家庖无此条件。唐临晋帖，自不如真，但家常菜亦别有风味，稍带些焦，不那么腻，小时候喜欢吃，故至今犹未忘耳。

俞先生谈及美食都透着家常菜的气息，真是诚如其名。由此想到了西子湖畔那个朴学老人，当山西、河南闹灾荒之时，他心系民生力阻弟子们为他建造俞楼，请求立即停工。这样的事迹，一直铭记到俞平伯的孙子辈。这也是家学一种吧。

拙政园主人的佐餐小食

　　园林里不只是有莳花名木，盆景假山，还有主人用来酿制酱菜的酱缸。

　　到光绪三年，苏州拙政园已经延续了 370 年的历史。商人出身的张履谦以 6500 两银子购得拙政园西部花园，大加修葺两年后，携全家搬进花园居住。从此，拙政园里又开始了新一轮的烟火气。

　　拙政园前后经手几代人，且改换门庭、改族换姓，每次似乎都会诞生一个新的名字，复园、忠王府、八旗会馆等。张履谦到手后，当然也会遵循这种范例，他在《补园记》中说："宅北有地一隅，池沼澄泓，林木蓊翳，间存亭台一二处，皆欹侧欲颓，因少葺之，芟夷芜秽，略见端倪，名曰补园。"可见其用心和低调。

张家早期在山东济南府以制扇为业，后扩大经营，兼营百货、钱庄等，店名有容堂，据说刘鹗的《老残游记》中的有容堂即借用了张家店号。

张履谦父亲早期继承家业在苏北经营盐场，后张履谦举家南迁到了吴地。到了江南，张母依然善于制扇，扇面、扇骨、扇坠花结，无一不精巧绝伦，她和儿子在补园住了三十多年。张履谦早期跟着父亲在苏北经营盐业，后进入仕途任户部山西司郎中。但他对仕途显然不感兴趣，没多久即定居苏州，安居在补园，并潜心修园。张履谦有着盐商的雅好，喜爱书画、昆曲、园林等艺术。张履谦购买补园时，正是该园最破落之时，"当时园中亭台只存一二处，残破不堪，已非昔日景况。经张履谦大加修葺，遂有塔影楼、留听阁、浮翠阁、笠亭、与谁同坐轩、宜两亭等胜景，又新建了精致绮丽的卅六鸳鸯馆、十八曼陀罗花馆"。

张履谦在苏州结交画家顾若波、陆廉夫、冯超然等，昆曲家、书家俞粟庐，延请帮忙修园，对拙政园园史详加梳理，并在废园中偶得文徵明《拙政园记》石刻，更加肯定此园与拙政园原为一体。张履谦在荒园中修复十景，其中以"与谁同坐轩"最为特别。

"与谁同坐轩"临水向东南，平面形似折扇，又称扇亭，里面摆设石凳、石台、灯笼等，背面漏窗也是扇形的，就连轩内姚孟起的隶书题额"与谁同坐轩"都是扇形的。此轩取意苏轼《点绛唇》词："闲倚胡床，庾公楼外峰千朵，与谁同坐？明月清风我。别乘一来，有唱应须和。还知么，自从添个，风月平分破。"

"与谁同坐轩"上方山顶建有笠亭，从轩南北望，可以发现笠亭的锥形屋顶形似扇骨，宝顶为柄端，与轩的屋面形成扇面，两边脊瓦为侧骨，构成一幅完整、倒悬的大折扇图形。张氏后人曾对此解析："分开看一是折扇之面，一是团扇之面。这是张履谦造园时精心设计、刻意安排的，他不忘张氏祖先有容堂主人以制扇起家，因此对扇子情有独钟。"

"与谁同坐轩"坐立补园中央区位，却并不突兀，与周边的借景、对景以及隐喻手法浑然一体，可谓独具匠心。据说张家后代都藏扇，每到夏季，园内就会出现晒扇的美景，有竹骨、牙骨、木骨等。"湘妃竹泪痕斑斑，象牙扇浮雕空镂，檀香扇幽香阵阵，共藏有折扇几百把。"张家后人记得，"文革"大破"四旧"时家里上缴的藏扇少说也有近百把。

补园内，最能体现张履谦嗜好的则是鸳鸯厅。卅六鸳鸯馆和十八曼陀罗花馆组成的正方形鸳鸯厅，临水而建，造型讲究。这可能也是苏园里"音响效果"最好的戏曲建筑了。张家后人是最有发言权的："考究的厅堂常用卷棚屋顶，鸳鸯厅梁架采用连四轩而成满轩，四轩用'鹤胫弯橼'组成穹形轩顶，成卷棚状，既寓'鸳鸯'之命意，又使音响绕梁萦回，有极好的音响效果。……厅北临水，仿佛一座园林水上舞台，通过水面反射檀板笛声，曲声悠扬，余音袅袅。"

"绿意红情春风袅娜，高山流水琴调相思。"这是书画家高邕为张家题写的楹联，可谓至味。这风雅之音一直传承到了张履谦长孙张紫东身上。当时张家聘请的曲师即俞粟庐。俞粟庐曾在太湖水师办公差，但不谙仕途，更爱昆曲、书法。昆曲得叶氏正宗法，后被誉为"江南曲圣"，其子俞振飞也是一代曲家，少年时成长于张家补园。俞粟庐书法先习王书，后改魏碑，张履谦见之极为欣赏，高薪聘请他居住补园，对他的资助一直到之终老。

张履谦的时代尚是妻妾成群的时代，但张履谦规定家中人不得纳妾进宅，张家后人解释说"如有小妾，只能住在外面小公馆里"。张履谦的夫人去世后，他并未续弦。直到花甲之年在上海认识了一位"红倌人"，张家人昵称为"红粉知己"，据说此女能歌善舞，聪明漂亮。

但此女心志很高，当张履谦有意娶她进园时，她提出了具体名分的要求，并且要求不住在老屋。张履谦特地为她在宅西另造了幢西式洋房，因此她又被佣人们称为"洋房里太太"。张家孙辈们常看到祖父站在洋房阳台上看这位红粉知己在花园里自由徜徉，还曾为这位红裙少妇踏雪赏梅而画兴大发。

张履谦去世后，这位"红粉知己"太太在守节几年后，就两手空空去了杭州出家为尼。但张家一直为她留着一口寿材，只是她再也没有回来过。

张紫东长成后继承家学，尤其是昆曲，有俞粟庐、沈月泉、吴义生等名家执教，又是秀才出身，聪颖可教。张紫东辞官归来后，他更是在补园里一门心思唱起了昆曲，被誉为"吴中老生第一人"。到了民国初期，昆曲全面陷入绝境时，张紫东与几位有能力、有担当的名士出来维持，共同集资创办了"昆剧传习所"，影响一时，培养了30名承前启后的传字辈昆曲演员。后来这批演员曾活跃在大江南北的舞台，尤其是江南一带，辉煌一时。"苏州曲坛一正梁"的称号，张紫东当之无愧。

张紫东虽以"老生"著称，但长相则为翩翩美少年。当年他到角直娶沈氏时，据说万人空巷，人们不是来看新娘，而是看这位"最漂亮的新官人"。不幸的是，沈氏生育后不久即亡故，留下一女闻喜，聪明伶俐，可爱至极。园子里经常能看到这个美丽小娘鱼的身影，但她12岁时，因玩耍时不慎失足掉进了天井边上的水缸，受寒受惊而病故。为此，园子里的大水缸都被加了木板，以确保孩子们的安全。小娘鱼去世后，家里还请人为她绘画"喜神"：她穿着旗袍，站在花盆的高茶几边上，微笑着，可爱传神。

张紫东后来又娶了南浔邢氏，但邢氏不到 50 岁即去世，张紫东取号心秋，以怀念夫人玲秋，并制瓷板合影，留作纪念。画像里两人依偎在补园"延年益寿"桥栏，释然，温馨。从此张紫东便再未娶。

张紫东身上有着祖父的影子，张家的家教在他身上忠实地体现着，慎独、笃实、爱好文艺。就连吃饭这样的小事也有具体要求："晚辈必须早晚按时向长辈请安，吃饭有固定的座位，不可先动筷，喝汤不能有声，不许剩饭下来；要求坐有坐相，立有立相，走路还得有走相。……吃年夜饭人人有份，连老鼠亦有'年夜饭'，放在它们出没处（这样老鼠不去吃其他年货了）。"

一丝不苟，是张家为人处世的特点，犹如昆曲的唱腔念白，标准无误。张紫东早晨喜欢吃面包，他要求每一片面包都要切得厚薄均匀。那时苏州新潮的广州食品公司的面包还没有切片卖，孙女岫云就成了祖父的专职切面包的人选。

读了张紫东的四季食谱令人口舌生津：春天是石家饭店的鲃肺汤；夏天是鲜荷叶包的粉蒸肉、臭菜卤浸的苋菜梗子；秋天是阳澄湖大闸蟹；冬天是胡葱野鸭、野鸡瓜丁。

点心也是四季分明：春天是玉兰花糯米饼、玫瑰花酱白米粽，夏天是新鲜芡实、莲子及黄天源的肉丝馅团，秋天是火腿月饼和灰汤饼，冬天是自家制萝卜丝团（白色）、南瓜团（黄色）、枣饼（棕色）。夏季的饮料则是用金银花、蔷薇花、玫瑰花、荷花等自制的各式花露，清香祛火。家里的闺秀已经走进了新式的学堂，还学会了制作西式点心，回到园子里就开始了制作冰淇淋的试验，更是让张紫东有了温馨的尝鲜机会。平时的下午茶，张紫东不只喝苏州的碧螺春，还有印度红茶、英国麦片，就连罗宋汤、葡国鸡等外来菜式他也是吃得津津有味。这与他既可以西装革履，也可以长衫马褂的穿着风格神似。

会吃的都是会做的，这是美食家的通例。张紫东善制酱，甜酱、辣酱、酱油等，还写成了《酱谱》留给后人，真是有味的传承。

看张紫东的书法，既有魏晋人的闲适和随意，又有南朝私人手札的帖意，不拘一格，自有斯文。这样的书法撰写出自创造酱之法，真是一绝：

甜酱做法

新青蚕豆先用河水浸胖，剥皮，上锅煮烂，再用面粉拌和，以不粘手为度，做成大面包式即上蒸笼蒸熟，取出切片，切成骨牌式大小，平铺于匾中，上盖麦柴，安放潮湿处，使其渐渐发霉即成酱黄，然后下酱缸。凡用酱黄一斤，加老盐二两至三两为度，切勿用细盐，开水泡成盐水，候其冷透，连酱黄同置缸内，晒三天后用手捏和，晒至色泽红而光，即成甜酱。

虾子辣酱

先将菜油熬熟放老姜两片，候其油出青烟后姜即弃去，用文火加甜酱拌和，再加虾子四分之一，虾子内略加黄酒少许，然后用红辣椒切成豆子块拌于酱内即成辣酱。

自制酱油

黄豆一斗，面粉八升，麸皮二升，先将黄豆煮烂加入麸皮拌和，然后再用面粉拌和，以不粘手为度，做成面包式，切小方块置于潮湿处，使其霉透，黄子一斤，老盐一斤，开水二斤，开水冲成盐水，与黄子盐水同置酱缸内，晒至六七天，用竹篓或饭萝安放缸之中央即将其汁水抽出，此即所谓头汁母油，以盐与水开原分量如法炮制，每次抽其汁水以四次为度。

补园的开胃酱菜，给孩子们留下了几多温馨回忆。张紫东孙女张岫云记得："酱可以炒菜吃，甜酱缸里可腌制酱菜（去青去红的西瓜皮、乳瓜等），这才是吃粥最可口的小菜。在夏天雷阵雨前，家里就会响起'快关酱缸盖'，在雷阵雨后'快开酱缸盖'的叫声。"张家后人还拿祖父与日本戏曲学者青木正儿相提，说这两人都喜欢昆曲，也都喜欢研究中国腌菜，是巧合，也是热爱生活的写照。

诚然，自古以来，在园林里开宴席早已经不算是什么新奇的风雅，看颐和园里的正宗御膳，可谓中西兼备，丰富奢华，到后来向社会开放后的仿御膳、云南菜、淮扬菜、红楼菜，更是应有尽有。江南私家园林也有俞樾的曲园春在堂之宴，宋宗元也曾在网师园大摆筵席，而鹤园里的曲家之宴，参加者有梅兰芳、张大千、吴梅、叶恭绰等人外，就有补园主人张紫东，可谓极一时之盛。

不知道是不是受亲家的影响，张岫云回忆里的外婆也是做菜制酱的好手，玫瑰酱、腐乳、霉豆腐、虾子酱油等，她从5岁时开始品尝，直到她晚年成长为建筑学教授后，还清晰地记得那种家酱的味道。看张紫东后人，三子张问清为同济大学最早一批教授，女儿、儿子也都毕业于同济大学。看报道说他"一家门出了14个同济人"，真是辉煌，更是华丽的转身。

由此想到了顾笃璜先生为《补园旧事》所作序言："这些家族的基业无不形成于封建时代。……在社会向现代化转型的一百多年中，他们中的开明之士并不拒绝，甚至迫切地追求新思想、新事物：剪辫子，他们带头；穿西服，他们带头；骑自行车，他们带头；办新法学堂，他们带头；办女子学堂，包括女子职业学堂，他们带头……"苏州最早的发电厂就是缘于张家的创设。顾家与张家为几代世交，顾笃璜伯父曾去补园学曲，后与俞振飞被誉为昆曲界"一龙二虎"。顾笃璜家中也有园林怡园，也有家酿酱菜，还开了名号"顾得其"，与潘家"所宜"酱在苏城齐名，"食肉用酱，各有所宜"，"不得其酱不食"，可见造酱者用心。顾家酱油、腐乳、萝卜干曾畅销一时，甚至远销国外。至今在山塘街还能看到其店号的招牌，可惜历经岁月的沧桑，酱已不存。

张家的补园在新中国成立后不久即捐给了国家，使得拙政园得以全貌恢复，与此同时，张家对于昆曲的流传更是做出了杰出贡献。有人说，张家贡献了两项世界文化遗产项目，此说或许有些过誉，但更大的贡献应该是这种园林里的烟火气，譬如家酿佳酱。

张家后人（张岫云）还记得这样一件事："解放后，有户籍警上门，曾问张紫东是干什么的。祖父回答：'我是读书人。'闻者不解，哪有老人还在'读书'的。祖父没说是'做官'的、'唱戏'的，他认为自己本来就是'读书人'也。"

张紫东去世后，张家人特地选了一套蓝色绣金的苏东坡外装为他穿上，那是一套端庄的昆曲戏衣，连帽子他都戴得一丝不苟。如此用心，始终如一，也是家风一种。

过云楼的家宴礼仪

　　顾家人记得家里吃年夜饭时会有个游戏，就是"掘藏"，所谓的"藏"就是埋在米饭里的荸荠。

　　苏州大户人家过云楼顾家一再被提起的多是收藏和造园艺术。作为姑苏望族，其实他们对于精致生活的要求是多方面的，其中就有对食物的要求，不一定是奢侈的、丰盛的，但在食材上、口味上或是形式上都会有所要求。浏览过云楼创始人的书信和日记，换厨子，代买酱菜，公务招待洋人等，都可以看到他对个人食味的重视和强调。一直到他的曾孙辈，都还记得家中的饭米滋味。

　　同治十年（1871 年）9 月 22 日，身在宁波就任宁绍台道的顾文彬致信在苏州家中的三子顾承："酱鸭再买两只来……"

同治十年（1871 年）11 月 12 日："此间饭米不发松，故不能多吃饭。可为我买冬春四糙米三四担子，便中寄来。如有香珠米，亦带一担来，以备煮粥。"

同治十年（1871 年）11 月 22 日："汝（三子）平日饭食太少，必须常服牛乳，能吃两碗更好。……现在署中自养两牛，日得乳四斤。……我食一斤，余两姨娘与八官分食二斤余，甚觉有补益之验也。"

同治十一年（1872 年）4 月 29 日，要求顾承代买食物，"小麻油约数斤，扁尖二斤，拳尖一斤。"

同治十一年（1872 年）8 月 17 日："（张姨）又要买木樨烧酒十斤，托刘妈买，又要上好甜酱两小坛，……"后来又多次从苏州代买虾子、嫩姜、腌黄瓜、松子肉、腐乳等，足见顾文彬对家乡食味的嗜好和依赖。

在宁波为官期间，顾文彬身边一直用着从苏州雇佣的厨子，但是到了同治十二年（1873 年）6 月份，厨子多次服务不利，而且"克扣异常"，顾文彬最终换掉了厨子。身边没有了苏州厨子，顾文彬甚觉不便。后来为了挑选合适的厨子，顾文彬和三子前后协调了近一年，为了吃到家乡口味，顾文彬一度放下"官架子"容忍厨子的不懂规矩。在更换厨子期间，顾文彬还遥控家里制作玫瑰酱，供他食用："刻下玫瑰花正在出新之时，为我买花一千朵，须半开未泛者，以六百朵晒干，以四百朵做酱，添入梅子，分装两坛，嘱妥当老妪用心为之，且须赶办，切勿诿于收迟无及也。"

不时不食，是老苏州饮食的铁律，由此可知顾文彬身上依旧传承着旧俗，即使是身处在数百里之外的异乡他省，仍要尽可能地品尝到家乡的时令食味。

顾文彬在宁波主管海关业务，常常与洋人打交道，如赫赫有名的赫德，一位英国政治家，清朝海关总税务司，受大清政府重用的洋人公务员。在与洋人接触过程中，顾文彬也在悄然观察着他们。当总税务司赫德从京城前来与他相见时，顾文彬以中国的食物作为交际之物。同治十年（1871 年）9 月 5 日这天他有记："午后，往答赫德，谈论甚洽，临别有'见我甚喜欢'之语，此亦中国所云'灌米汤'也。送礼去，受燕窝一斤，火腿四只，鸡五只，鸭四只，梨一盘。"

此后，顾文彬还常与洋人打交道，见面总是酒果招待，或送鱼肚为礼物。

同治十二年（1873 年），顾文彬参与秋季监考时，从"张翰思《吴中莼鲈赋》"中得句"鱼美饭细酒未浓"，神游感念，离家多年的他也是常常做着"莼鲈之思"。

因此，顾文彬离开官场是他多次主动请辞的结果，理由是身体生病了，即病退。

当他回到苏州后，在自家的怡园里却有着另外一面的生动和活泼。他常常组织雅集，与吴中众贤耆消夏、消寒，除了吟诗对句，更少不了桌上的五簋八碟。顾文彬喜欢"拇战"，即划拳行酒令，下酒菜当然不会差了。

早在顾文彬退休之际，顾家就开设了酱园，即"顾得其"酱园，取意《论语》中的"不得其酱不食"。在当时，盐业是专卖品，要有官方颁发的"盐引"执照，因此退休的官员拿到"盐引"开办酱园实际上也是朝廷对下属的一种恩惠。柴米油盐酱醋茶，在物质生活尚不富裕的时候，酱菜就成为普通人家餐桌上的必备之物。

有一个时期，苏州的酱园是两家老字号的天下，即潘家的"潘所宜"酱园，取意"食肉用酱，各有所宜"和顾家的"顾得其"酱园。两家都是苏州的望族，又是多代姻亲，而且两家的酱园很早就实行了经理人制，就是族人不参与具体经营，聘请外人管理。看地方文献记载说，"顾得其生产食品选取金元黄豆、净白面粉、陈盐鲜果、虎丘清泉等考究的原料，因而其所出酱油清香醇厚，酱小菜广受欢迎……"

根据顾家后人顾笃璜的回忆，"顾得其"酱园曾在苏州设有多家分号，如繁华的山塘街，以及热闹的观前街醋坊桥。酱园生产的腐乳、酱油、酱菜等因为口味上好和质量上乘而名扬上海市场，还远销到东南亚一带。看顾文彬的日记载，光绪四年（1878年）6月，顾家又收购了苏州潘和丰的酱园，扩大经营。据顾家后人回忆，顾家的腐乳不是很咸的那种，微甜，有着花瓣的淡淡香气。

顾文彬的孙辈，画家顾鹤逸还曾为"顾得其"酱园的公益事业题词："盛德在水"。至今在山塘街上还有"顾得其"的堂号旧址和界碑，周围上年纪的老人回忆说，他们常带着瓶子来零买顾家的酱油，很鲜，颜色也好看，可惜后来就吃不到了。"顾得其"因为公私合营成了国有企业，再后来就渐渐退出了历史舞台。

不过有关顾家饮食的一些传统却是多多少少延续下来一些。

从顾文彬时期，长辈就对家里的女孩子格外照顾，因为她们将来是要嫁出去的，因此有什么好吃的先尽着她们。到了顾文彬的孙子、著名画家顾鹤逸时期，他也总是把零钱优先分给孙女们，让她们去观前街买零食吃。顾鹤逸夫人潘女士，每逢盛夏或是节假日，也是优先带着孙女们游园品尝小吃。

有几次我去上海拜访顾家后人，一位从过云楼走出来的大家闺秀，后来考学成为一名化学老师。在拜访中，年逾九旬的老太太执意要请我吃饭，在一家粤式茶餐厅。吃饭的时候老太太一直是自助的，不让女儿们帮忙，吃饭喝汤的时候几乎没有声音。她客气地请我多吃菜，但从不随意帮人夹菜。吃饭的时候，我发现老太太把鱼刺肉骨头都悄然吐在一个小盘子里，然后拿餐巾纸盖起来，不仔细看，会以为老太太什么都没有吃过。难道这不是一种长期养成的用餐礼仪吗？

和顾家后人聊天得知，家里吃饭确是有点规矩的。譬如吃饭的时候大人不动筷子，小孩子是不准动的。顾笃璜先生记得，他小时候常常去请祖父吃饭。在桌上吃饭的时候不能呃嘴，不能嚼筷子，不能在饭上插筷子，更不准浪费食物。

当苏帮菜的样板店"吴门人家"掌门人——沙佩智要恢复宫廷苏州菜以及清帝下江南时织造府的苏帮菜谱时，就走访了几家苏州的世家子弟，其中就有顾笃璜。

顾笃璜先生作为昆曲的行家，一直倡导保护昆曲的原汁原味，并主张首先要保护昆曲的传统意蕴，他甚至提出"通过昆剧可以了解旧时家宴、礼节、迎送等生活细节，现代人是无法凭空想象编制这些情节的"。

记得顾笃璜先生有这样一句话："真正的苏州美食，非在酒楼菜肆，却在缙绅之家。"缙绅之家，应该指的是晚清以来，苏州出现的名门望族，他们常常在家里、在私家园林里组织雅集，当然少不了可口的菜式和点心，菜式也不是单纯为了吃，还会因着时令、节气衍生出许多的意境。顾老还补充说，家里大办宴席时都会请酒店的名厨前来料理，但烹饪的细作还是家里厨子做的，确保万无一失。

顾笃璜先生在回忆家里早期做鲫鱼汤时，对鲫鱼的选择是很有讲究的，"四条共一斤，不多不少，鱼大肉老，鱼小刺多，汤里只可放一条扁尖，火腿 2～4 片，讲究'君臣搭配''主次有别'"，可见其中的意味。

到了春节，家里吃年夜饭，苏州人的年夜饭常常指的是冬至夜的那一顿大餐。冬至的前一天叫作"冬至夜"，全家人要团聚在一起吃"冬至夜"饭，喝特制的桂花冬酿酒。有几样菜肴是必备的，其中蛋饺叫"元宝"，肉圆叫"团圆"，粉条叫"金链条"，黄豆芽叫"如意菜"，鱼叫"吃有余"等。民谚称："有得吃吃一夜，没得吃冻一夜。"据说这个传统源于 3000 年前泰伯奔吴，泰伯把周朝的历法带到了苏州，苏州人就此以冬至日为新年了。后来朝代更迭，春节的概念渐渐取代了冬至新年，但苏州人还是坚持把冬至夜的饭称为"年夜饭"，可见习俗对于饮食的影响。

有一次读车前子的文章称：昆曲专家顾笃璜先生生于钟鸣鼎食之家，他说他家吃年夜饭会在饭锅里把米与荸荠（荸荠柄不能去掉）同煮，吃到荸荠时，叫"掘藏"。1949 年之前，他家里的佣人给老爷、太太、少爷、小姐们盛完饭后就会站在一边看，看到谁先"掘藏"就喊，比如"三少爷掘藏哉"，一声高喊，可马上现拿赏钱。

后来车前子就"掘藏"一事去查资料，均不见记载，因此他怀疑这不是苏州风俗，甚至疑心是安徽的，因为顾笃璜先生祖上是安徽人。对此，顾笃璜先生说，他祖上本就是苏州人，元末明初时迁移到皖南，后来又迁了回来，这一习俗在家里沿袭很久了，就是过节讨个吉利，掘藏（念 zàng），宝藏的藏，掘宝嘛。

为此，我也去查了资料，在苏州民俗专家蔡利民编著的《苏州民俗采风录》里记录着：1987 年 9 月 4 日采访时年 73 岁的老人李惠庆，老人开过帽店，唱过苏滩。在谈到年夜饭时，老人说："饭，叫'万年粮'；挑饭中荸荠，叫'掘元宝'。"由此可知，顾老说的正是苏州的习俗。

如果细读顾笃璜先生的文章，你会发现，他骨子里对苏州的饭菜了解程度可谓是烂熟于心。他以自家的饮食习惯为例，做过一篇《吃在苏州》，深入剖析了姑苏饮食的习俗和细节。

先从米饭开始。单单是米饭就被分为七等：饭、小饭、干粥（较稠的粥，吴语称干粥）、稀粥、锅巴泡粥、冷开水淘饭、冷茶淘饭。顾老还特别解释了"小饭"的概念："那是一种比较烂的饭，却还不曾到干粥的程度，是介于饭与干粥之间的一种饭。"

一个锅里可以同时烧出"小饭"和"大饭"出来，又称为"爬高低饭"，就是在水烧开后，把锅里的米堆成半高半低，由此烧出软饭和硬饭，高处的硬饭供青壮年吃，低处的软饭则供老人和幼童食用。单是烧饭就能考验出家庭厨师的真功夫。新米、陈米、大米、糯米等，饭的黏性及消化、养生之道，都是家庭厨师需要考虑的。"吃过饭菜后，再加吃少许锅巴泡粥，就几口酱萝卜收口……"就此这一天的吃饭大事算是画上了一个圆满而舒心的句号。仅是吃饭一事即可一窥苏州人对生活的精细程度。

说到酱菜，顾家自有酱园，顾笃璜对于酱菜的口味当然不会陌生。他说，苏州喜欢吃酱萝卜，而且一定是自制的。"把新鲜萝卜洗净，切成薄片，先用盐腌，再加入煮熟又略加冰糖的酱油（不可以用虾子酱油）浸泡，透味后便可食用。"苏州人一般都是晚饭后吃锅巴泡饭时吃几片，与早餐吃粥佐酱姜片同样道理，可以防病强身。

夏季时节，多吃冷开水淘饭或冷茶淘饭，小菜则以用直萝卜和虾子鲞鱼为主。用直萝卜至今都是苏州酱菜中的一位"主要成员"，萝卜和工艺都是出自甪直古镇。顾老说，苏州其他酱园也仿制过甪直萝卜干，但却总是做不出来那种味道，这其中一定是有技术秘密的，这也是这味酱菜至今无法被取代的原因所在。但凡事也有例外，顾老曾对我多次述说过一个苏州老字号的典故，让我把它写下来。说早年时虾子鲞鱼是苏州"稻香村"的拳头产品。先说说什么是鲞鱼？很多人读不出来这个字。有人说它是鱼名，一种产于东海的鱼，鱼鳞白而体扁长；也有人说它是一种工艺手法，即把鲜鱼剖开晾干做腌制和烹制处理。宋代的范成大在《吴郡志》中记录："因书美下着鱼，是为鲞字。"总之，这种鱼与鲜美是大有关联的。它的制作手法是先取新鲜体肥的鲞鱼，洗净后切成正方块，放入油锅中煎氽，待鱼块转色，捞出后放入锅中，加入酱油、料酒、姜汁、虾子、白糖，烧至卤汁收干即成。也可用葱结、姜片、酱油、精盐、料酒等浸渍，油炸后滚上一层熟河虾虾子。鲞鱼具有天然的海鲜之咸，配上河虾子的微甜，食用时咸中带甜、鲜香可口，可以上桌当菜，也可以喝茶佐味。当年最先开发此产品的是"稻香村"，但后来却成了"叶受和"的主打产品之一。根据顾老的说法，浙江宁波人叶先生到苏州走亲戚，去"稻香村"购物，结果与营业员发生了争执，营业员说："你要称心，自己去开一家！"结果这位叶先生真的开了一家，地址就在"稻香村"隔壁。顾老说当时叶先生租的房子是苏州程家的，叶家和程家都是顾家的亲戚，因此顾老得了这个旧闻。叶家因为家靠宁波海边，对鳘鱼的采购很有优势，在攻克了配方和玄机后，把虾子鳘鱼这一产品推为主打。当然，到了后来，苏州的好几家老字号都开发了这一产品，到底谁家的口味更为鲜美，恐怕只能由食客去评判了。再说回米饭，根据顾笃璜先生的回忆，新米上市时适合做咸肉菜饭，但也只是尝尝鲜，吃上几顿后就转入常规的米饭。而这常规的米饭却是陈米饭。说是陈米烧出来的饭黏性小，比较松软，容易消化，但我怀疑这个陈米的概念也不是陈化粮，不是陈放好几年的，也就是隔年的大米。

说完了主食，说点心。苏州人到了下午三四点钟喜欢吃一顿小点心，数量要少，但是食物和口味都要更精致，其中就有水八仙之一的鸡头米。苏州鸡头米现在的主产地在城东南郊甪直，我曾去看过采鸡头米，需要穿着皮裤，浑身泡在水里，弯腰曲背，手眼并用，太辛苦了，手都不像是手了，割上来的鸡头米最好在当天剥出来，隔夜就会变味，时间长了甚至会发臭。而手剥鸡头米则是最为费时费事的一道工序，工人手指头严重受损，看着都觉得不忍。顾老说苏州老早的鸡头米出在黄天荡，现在那里早已经被开发成住宅小区和商业广场。"每年鸡头米上市，必须是当天早上采摘，上午剥出肉来，下午食用。若是隔夜采摘，虽是浸在水里，第二天剥出肉来，就会少了一点韧性，口感也就不佳了。剥时必须十分小心，若是把鸡头米表层的一层薄膜（苏州话称"衣"）碰破一点，韧性便会减少，所以那碰伤了膜的或隔了夜的鸡头米就只能舂烂了用沸水冲成糊，便是另一种次等的吃法了，称为'鸡头粥'。"薄膜完好的鸡头米才有资格氽汤吃，而鸡头米的清香主要是通过清汤飘散出来的，因此吃鸡头米必须要学会品味清汤。

对于煮汤用水，顾老也做了梳理和分工。过去没有自来水，水源主要是雨水、河水、井水。雨水即天降之水，苏州人俗称"天落水"，大户人家多以大缸承接备用，一般泡茶、煮汤都是用这种水；河水，顾老说以胥江水为优，查地图应该是在胥门护城河以外，因为那里是太湖水进来的源口，那时有个职业叫卖水人，他们会把胥江的水送到家里来，储在水缸备用，烧菜、烧饭都可以用河水；井水，现在苏州还有很多水井在用，但也仅限于洗衣服洗菜，淘米都不够好了，还要年年投放消毒水。顾老说，那时大户人家都有水井，有的还不止一个，一般的巷弄也都有公井供大家使用，井水最次，不能用作泡茶、煮饭。

而煮鸡头米的水一定是要用"天落水"的，可谓天然水成就天然谷物。在煮的时候也有严格的次序："一定是水煮沸后将鸡头米放入，待水再沸时便取下最为适宜。再加冰糖适量，不能过甜。至于在汤里加上桂花，那就反起破坏鸡头米独有的清香的作用而大煞风景了。"顾老的这一说法倒是新鲜，因为现在饭店售卖和家宴上的鸡头米汤多是撒了干桂花的，每次我在吃的时候都觉别扭，不是像过滤茶叶似的吐出来，就是觉得那种桂花发黑像是杂质，有碍观瞻。因此我也赞成顾老说的这种吃法。当然，对于器皿的要求也很"苛刻"，"用特定的小碗（比酒盅略大），用特制的银质小匙，吃莲子也用它，恰巧可以盛一颗莲子那么大，用以盛鸡头米，也就是三四颗，带一点汤水而已。因其少，细细品，才能体味那丝丝清香"。就连最后剩下的汤水，也要小口小口地慢慢喝。

此时的吃已经演化为品。

真是食不厌精，食器更是如此。

至于具有相同意味的莲子汤，也是此种做法。莲子不是干燥后的，也不是冷冻的，而是新鲜采摘和现剥出来的，"用一个特制的瓷缸，又放在一个锡制的罐状的专用炊具里，其下部放炭墼，顶部加盖，用文火煨"。

说完了点心，说蔬菜。顾老说，苏州人家吃菜讲究的是"不时不食"，要新鲜到什么程度？当天需要的蔬菜要带着夜里的露水在晨间送到家里来，隔夜采摘的不要，采摘后洒水的也不要。顾老说城里不少人都有乡下亲眷，都会花钱请他们送菜来，没有亲眷的则会建立固定的主顾关系，大家彼此信任，当然价格会高于菜市场的。

最后顾老说到了苏州的面，苏州的面重视浇头，例如焖肉面，最关键的就是这块肉要能挑大梁，必须是大块肉，必须是面店里特制的，家里的锅灶是烧不出那种丰富味道的。而去面店吃面也有讲究，你是立吃、堂吃还是外卖？立吃就是站着吃，不占座位，面条会给得多一点。堂吃则会有周到的服务，但你要记住几句行话：免青、重青、宽汤、紧汤、轻面重浇、重面轻浇、浇头过桥等。

有关免青和重青，有人说是不放葱和多放葱，但也有人说不是葱，是蒜叶，我也以为是后者。

宽汤、紧汤则是汤水的多少。轻面即面少些浇头多点，取一个平衡，两不亏欠。而浇头过桥则是指浇头要另外端上来，不能直接浇上。以前人吃面是会在大堂里听到这样的响堂："要末来哉……红两鲜末两两碗，轻面重浇，免青宽汤。硬面一穿头，浇头摆个渡。"以前的堂倌儿记性都特别好，谁点了什么面，有什么具体要求，一口喊过去，厨房里大师傅听到会以敲击锅声为信号，准保你吃到的就是自己点中的那一款面。

最后，顾老说到了苏州人喝酒。苏州人宴请吃饭一般都在家里，但是要好好喝酒则是要去下酒店，因为酒店里的酒好吃。

"酒店'堂吃'的酒是用多种酒料拼合起来的，甚至还加入了少许枣子汤之类调味，所供的是'中式鸡尾酒'。那拼酒师傅若是高手，便有自己的基本客户，吃惯了他的拼酒，别人拼的酒就不合胃口了，所以，若是那拼酒师傅跳槽到了别家酒店任职，那些老主顾也会跟着转移到别家酒店去。拼酒师傅竟也是明星，吃酒人竟成了追星族。"顾老的这个回忆倒使人一改鲁迅笔下的咸亨酒店的吃酒法，原来苏州老早的时候就出现了酒吧模式，还有这么时髦的职业——调酒师。

　　注：此文写作，参考和引用了顾笃璜先生的文章《吃在苏州》。

陆文夫说：没什么可吃的了！

在陆文夫的写作中，美食占了很多内容，苏州菜肴的代表菜之一就是松鼠鳜鱼。

（一）

近期读到叶弥老师的《忆陆文夫先生》，开头几句话就把我看难过了："陆文夫老师去世后，头三个清明节，我都去他墓前送花。送到第三次，我在他墓前说，送了三次花了，可以了吧？路上过来不方便，以后不来了啊。"坦诚不过如此，叶弥老师对待去世的先生一如生前。

文中还提到了一件不是太愉快的小事，说的是叶弥有一次学开车，认识了几个有钱富婆，由此便写出了小说《城市里的露珠》，写金钱，写欲望，也写绝望。发表后被陆文夫看到，他严肃地问叶弥：你在什么地方搞来这个素材？还说要开一个会讨论讨论这个小说。叶弥却说："你们讨论好了，我不参加。"当然会没开成，但是很多年后叶弥体会到那个作品的草率、游戏和轻浅，"没有真正经过灵魂"。总之，叶弥还是得回头去感谢陆先生的高见。

因为这个高见实在是真诚之至。陆文夫是一位真诚之至的作家、朋友。

由着这个"高见"，我突然想到了我在很久前去拜访陆文夫的情景。时间我记不起来了，没想到《陆文夫年谱》里倒是记载着："2000 年 5 月 12 日，记者王彪（作者原名）到苏州采访陆文夫先生。当提到《苏州杂志》，陆老立即来了精神，那时他已是 72 岁高龄，还在坚持任职中国作家协会副主席。1989 年，陆老开始创办一本《苏州杂志》。"

我印象中深刻的是，那一年我到苏州除了去苏州大学采访，第一个拜访的就是陆文夫先生。先生谈得最多的当然是文学，那时他就谈到了文学的品格、意趣和本质，他毫不客气地批评了当时所谓的"美女作家""另类文学"以及各种热炒和恶炒，看得出来他是在捍卫文学本质的美学。虽然当时一再说闲聊聊，但是我回去后还是发表了一篇《陆文夫说：文学作品也应让市场检验》，人民网全文转载发布。当然，对于文化产品，陆先生也有着自己的主见，当听说南京准备拍一部叫《秦淮八艳》的电视剧并遭到各界抨击时，他就没有全盘否决。他认为，"《秦淮八艳》好不好，南京人不应该先作批评，这只能怪南京人自己，为什么不搞高品位的东西占领受众呢？毕竟文化市场是有竞争性的，只要市场允许它存在，它就可生存"。

这就是陆文夫的真诚，真诚就是实话实说。

当时我还问陆老，接下来有什么写作计划。陆老向我透露，下一步他准备写一部现实主义的作品，并且是自己亲身经历，深刻了解的，时间、空间是从 30 年代至今，地点也不完全是在苏州，因为他老家是泰兴。只是好像后来没能见到这部大作品。

记得当年拜访陆文夫先生时，他已是 72 岁高龄，仍旧任职中国作家协会副主席，他创办的《苏州杂志》已是第 11 个年头，还在茁壮成长。陆先生当时对我说，在江苏，也许只有苏州和南京才能办这种纯文学的杂志，毕竟苏州有着很大的文化内涵可以挖掘，南京也有许多特色文化可以支撑起来，其他城市好像办不起来。当时他鼓励我为杂志写点稿子，我说不敢写啊，他说试试看嘛。结果至今我都没有为《苏州杂志》写过稿子，感觉很是对不起陆老先生。他当时还签名送给我《苏州杂志》十周年的合订本，至今仍是我书房的珍藏之物。

（二）

说了这么多，突然发现我还没有说说初见陆文夫先生的印象。我记得当时陪我去的是苏州大学学生会一位女同学，很漂亮，她自告奋勇说带我去。她带着我兜兜转转进入小巷子，突然就来到了陆府门前，一处临河的小院落，墙上清净素雅，挂的是画家杨明义的江南山水，淡雅极了。陆先生英俊、帅气，言谈举止不逊于英国绅士。我记得他个头颇高，双手插在裤袋里，和我们随意地在院子里走走，说说闲话，儒雅极了，根本看不出来是古稀之年的老人。我印象中那位女同学一直是仰视着陆先生，来回的路上她还说了不少陆先生的轶闻趣事，很令人开心。

时至今日，我想起陆文夫先生时眼前始终是那个瘦高、儒雅、帅气的形象，说话不疾不徐，语言温和严谨，是位说理对事不对人的谦谦君子。后来我又去拜访过先生，那是单位策划一个纪念改革开放二十五周年的专题报道，要重点推出，说陆先生应该是受邓小平领导的影响得到平反的一位知识分子，说他身上有着鲜明的代表形象。可是当我再去陆府时，突然感觉那条巷子更窄了，那个院落更小了。我们如约进屋，来到二楼，陆老坐着，始终没起来，我看着他生生把自己吓了一跳。陆老太憔悴了，更消瘦了，双眼都有点凹了，声音很低，但是依旧儒雅和温和，友好之至。他说，坐，坐下来说说话，不要采访，不要发稿。我乖乖地轻轻地坐下来，亲眼证实了陆老先生患上肺气肿的事实，不免心中黯然。在这之前我还得悉陆老经受了生活的其他磨难。我记得那天楼上的光线很暗，以致我最后始终没能记住陆老的表情，但我记得他的声音，君子之音，谦逊而有礼。我回去之后，一个字都没有发表。

一直到 2005 年，陆文夫先生去世。报道此事的任务理所当然地落在我身上。"姑苏小巷失文夫，东吴大地哭赤子。" 2005 年 7 月 13 日上午，社会各界人士冒雨赶到苏州市殡仪馆，送别著名作家陆文夫。我从陆府到了殡仪馆，记得作家范小青当时在追悼会上说，文学是陆文夫生命中很重要的东西——"我记忆很深的是，20 世纪 90 年代末，他创作了一部长篇小说《人之窝》，写到后半部分时，身体已经很差了，他是趴在键盘上写的。因为呼吸困难，所以，他整个人只能弓着腰，一只手撑着头，他就是用这种姿势写完了小说。他这种用生命去对待写作的精神，让人印象很深。"

这些年我落户在了苏州，连续再读了陆文夫先生的著作，更是深刻了解了他对苏州的热爱和钟爱。作为一个异乡人，在这里找到了真正的故乡，这是他的幸事，也是苏州的幸事。别的不说，一部《美食家》为苏州做了多大的"广告"，可谓名扬海内外。苏州的面，苏州的点心，苏州的菜式，顿时都充满了文学的意蕴，全都从灶台上升到了"形而上"。多次和香港学者、美食家郑培凯谈及此事，他说他也是受惠者之一。

（三）

印象中与陆文夫几次交谈都没有涉及美食。似乎到了晚年，他的谈兴淡了，食欲也淡了，岂不知这可能也是一种"隐疾"。

陆文夫说他写美食是因为"逃遁无术，只有老老实实地面对吃饭问题"。

他说鲁迅翻开封建社会史发现了两个字：吃人。

而他翻开人类生活史发现的也是两个字：吃饭。

由此，陆文夫从家庭主妇的菜兜里、菜篮子里开始了探索之旅，最后他发现，有一种文化是不应该打倒的（本身也打不倒），那就是吃的文化，只是要有个限度而已。

说到写作，陆文夫自言并无师承，即并未拜过师傅。但他的美食之旅似乎是有所师传的，他自述早些年因为缺钱进不了高级馆子，就从吃苏州小吃开始，什么鸡、鸭血汤，豆腐花，油氽臭豆腐，桂花酒酿圆子，小馄饨等，物美价廉，很接地气。

再后来，陆文夫跟着周瘦鹃、范烟桥、程小青等先生常去下馆子，不是去吃饭，就是去"尝尝味道"。他们几位全是美食家，手里自有一支妙笔，因此饭店常以接待他们为荣，当然不敢怠慢，总是安排最好的厨师操刀，而他们几位会事先对厨师说，今天就看你的喽。吃完了也不说菜如何，只说，不错，今天的菜都是可以吃的。

难道还有菜是不能吃的？

"吃饱是生理的需要，品味才是艺术的享受。"

这几位都是吃惯了江南菜的文化人士，对吃的要求自然不只是放在吃饱的层面上。当然他们各自的家宴也是不马虎的，都有独特而朴素的味道，不奢华，却难忘。譬如炒头刀韭菜，炒青蚕豆，荠菜肉丝豆腐，麻酱油香干干拌马兰头等，家常的菜式，却是另有一番精彩。

陆文夫提炼过苏州菜的特点：精细、新鲜，品种随着节令的变化而改变。他早年提及一位在北京工作的朋友千方百计要调回苏州工作，理由是想回来吃苏州的青菜。

不时不食。这就是苏州人严格遵循、自觉遵守的一条食俗铁律。韭菜、蚕豆、菜花、鲜笋、莼菜、马兰头、荠菜、茭白、水芹、鸡头米等，"如果有哪种时菜没有吃上，那老太太或老先生便要叹息，好像今年的日子过得有点不舒畅，总是缺了点什么东西"。寻常菜肴里，总是寄托着苏州人对生活的美好希望。仅仅是一道青菜便有着不同的时令吃法，陆文夫说的几位美食家有时下馆子吃厌了便回家"吃青菜"了。青菜有什么吃头呢？

我知道苏州人爱吃小青菜，又叫鸡毛菜，随便哪里僻静的一小爿野地，撒上一把种子，那小菜秧便像是鸡毛似的长出来了；清炒，做汤，或是缀在荤菜之上，如狮子头汤水周围，好看又好吃，鲜灵灵的。我更爱苏州的大青菜——苏州青，又叫矮脚青，看上去憨厚而敦实，有点儿像北方的小白菜，绿叶宽阔，菜帮子多汁。我尤其爱霜打后的苏州大青菜。

有一次与北京的几位朋友吃饭，那时刚好是过了秋季的最后一个节气霜降，上来的大青菜看上去绿意更浓，像是染了色似的油光发亮。几位北方友人，尤其是几位女客吃了之后赞不绝口，问：这是什么菜？怎么比肉还要好吃？这是怎么烧的？我笑而不语，心说，你只要去看看苏州地道的菜场上打出的手写招牌就清楚了，上面清楚地写着："霜打后，甜，糯"。据说从科学上可以解释清楚具体原理，但我更愿意从日常经验上理解，正如陆文夫所言，这类苏州菜是属于家常的味道，但家常菜的简朴并不等于简单。"经济实惠还得制作精细，精细有时并不消耗物力，消耗的是时间、智慧和耐力。"

（四）

记得有一年，阔别家国30年的张充和女士回到苏州的家。家里人张罗着要请她吃鸡，结果从美国回来的老人家一再表示不要吃鸡，千万不要吃鸡。家里人不解，苏州人炖鸡汤，鸡是土鸡，水是井水，料是自然的料，怎么能不吃鸡呢？张充和就说在美国吃鸡都吃腻了，太难吃了。想想也是，洋快餐怎么可能少得了鸡肉呢？可是吃了苏州枇杷树下的土鸡熬出的汤后，老人家一再说鲜，好吃。

由此想到陆文夫说的一个事：看美国小说，一位家庭妇女抗议法官的判决说，如果只有这几个钱的话，就只能天天吃鸡了！陆文夫当时以为是翻译有误，在国人普遍吃不到肉的年代，天天吃鸡岂不是一件美事？后来才知道，美国人所吃的那些鸡是在养鸡场里大量饲养出来的，那价钱和自然生长的菜蔬是差不多的。当然，那个时候国内还没有成规模的养鸡场，可现在不要说鸡了，就连青菜也是拿化肥催长出来的。因此，陆文夫曾经大为感慨说，大自然可不是好惹的，你让它快是吧，可以，但是快速出来的东西味道就不对头了。要知道，人的嘴巴可是很难对付的。

因此陆文夫对社会生活大提速很不适应，就连烹饪都进入了工业化程序，流水作业。这就一下子打破了当年陆文夫与一班老先生"吃厨师"的惯例。一次，陆文夫作为一位"美食作家"被经理认出来了，客气地问他有什么特别要求，陆文夫说只有一个小小的要求：那菜一只只地下去，一只只地上来。

经理认真地摇着脑袋说：办不到。

那么，什么叫"一只只地下去"，什么又叫"一只只地上来"呢？

"所谓一只只地下去，就是不要把几盆虾仁之类的菜一起下锅炒，炒好了每只盆子里分一点，使得小锅菜成了大锅菜。大锅饭好吃，但大锅菜却并不鲜美，尽管你炒的是虾仁或鲜贝。

"所谓一只只地上来，就是要等客人们把第一只菜吃得差不多时，再把第二只菜下锅。不要一涌而上，把盆子摞在盆子上，吃到一半便汤菜冰凉，油花结成油皮。"

讲究时令、时机、仪式、意境的苏州菜式突然提速成了"宾馆菜"，从一顿饭吃上四个钟头，到动辄就是几十桌流水的宴席，味道的变化是不言而喻的。因此有人对陆文夫的保守传统质疑，苏州菜要变化。陆文夫自言自语，也是啊，"世界上哪有不变的东西"。但是陆文夫以为，苏州菜应该向苏州的家常菜靠拢，向苏州小吃学习，如此才能保持特色，而不致混入川菜、鲁菜、粤菜的炒杂烩。只是如今放眼苏州的饮食，早已是川菜的天下，苏州菜的地位失衡显然不只是味道的迷失，同时也因着大众味蕾的剧烈变化。

后来，陆文夫也被邀请到处去赴宴，大小宴席，酒店、宾馆装饰越来越豪华，吃的东西越来越眼花缭乱，只是到了家后被问及今天吃了什么，陆文夫却发现回答不出一个菜来，只是说："吃了不少盘子。"

当下，还能找到陆文夫笔下的"朱自冶"吗？

相信是有的，朱自冶常有，只是旧时的"头汤面"还在否？

每次去吃苏州面时都不禁温习下《美食家》：

朱自冶起得很早，睡懒觉倒是与他无缘，因为他的肠胃到时便会蠕动，准确得和闹钟差不多。眼睛一睁，他的头脑里便跳出一个念头："快到朱鸿兴去吃头汤面！"这句话需要作一点讲解，否则的话只有苏州人，或者是只有苏州的中老年人才懂，其余的人很难理解其中的诱惑力。

那时候，苏州有一家出名的面店叫作朱鸿兴，如今还开设在怡园的对面。至于朱鸿兴都有哪些个花式面点，如何美味等等我都不交待了，食谱里都有，算不了稀奇，只想把其中的吃法交待几笔。吃还有什么吃法吗？有的。同样的一碗面，各自都有不同的吃法，美食家对此是颇有研究的。比如说你向朱鸿兴的店堂里一坐："喂（那时不叫同志）！来一碗××面。"跑堂的稍许一顿，跟着便大声叫着："来哉，来碗××面。"那跑堂的为什么要稍许一顿呢，他是在等待你吩咐吃法：硬面，烂面，宽汤，紧汤，拌面；还有重青（多放蒜叶），免青（不要放蒜叶），重油（多放点油），清淡点（少放油），重面轻浇（面多些，浇头少点），重浇轻面（浇头多，面少点），过桥——浇头不能盖在面碗上，要放在另外的一只盘子里，吃的时候用筷子挟过来，好像是通过一顶石拱桥才跑到你嘴里……如果是朱自冶向朱鸿兴的面店里一坐，你就会听见那跑堂的喊出一连串的接口："来哉，清炒虾仁一碗，要宽汤、重青，重浇要过桥，硬点！"

香港非遗咨询委员会主席郑培凯先生说，当他看到这样的文字时就迷上了苏州面，从此一发不可收，至今还在乐此不疲地继续着觅面之旅，一家一家地吃过去，而且总是强迫症似的去抢个头汤面。

"头汤面"无非是一个鲜，一个鲜头。

须知苏州面还有面烫、汤烫、碗烫，即使是数九寒冬，使你吃起来还是额头冒汗，那是一种服务的热心和人性的体贴。

见字如面，见面如字。

而台湾另一美食家逯耀东更是按图索骥再回苏州吃朱自冶那碗"头汤面"，只可惜当他慕名找到陆文夫先生一起坐下来吃顿饭时，陆老竟然说了这样一句话："世道变得太快，没什么可吃的了。"这话在很多年前听来似乎不能理解，只是今日，这句话难道不是一句睿智的预言吗？

　　由此想到了晚年时期陆文夫曾经自己开饭店，除了要贴补杂志社经费，是否也想着在一个小小的范围内保住苏州味道（据他自己说，造这样一座苏式茶酒楼，经营苏州传统的茶、酒、菜，其中一方面就是为了保存和发展苏州传统的饮食文化）？就如同苏州古典园林的意境，一个遗世而独立的姿态，一个美食家的理想国。至今这饭店还在，只是早已经物是人非，无论环境还是菜式，都不能与陆文夫时代相提并论了。

　　不过，晚年时的陆文夫曾经强调过一个关于《美食家》的观点："我怀着无可奈何与哭笑不得的心情写下了《美食家》，目的是希望人们不要忘记人的本性，我们的孔夫子就了解：'食色，性也。'同时也希望人们注意，对美食的追求也不能超过国家的经济发展。……很可惜，我的这一层意思往往被读者忽略，或是因为怕煞风景而不愿意提及……"

　　可见陆文夫对于美食论述的理性和警惕性，他自己对于"美食家"这个词是有着清醒认识的，这个称呼的背后有着复杂而贪得无厌的人性，要担得起这个称呼，既不能过度饥饿，也不能过度放纵，最好是有的放矢，保持克制。

　　这就是儒雅、绅士的陆文夫对美食的一种客观态度。

　　记得叶弥老师说陆文夫先生是个乌托邦。的确如此，清风明月，他的形象总是那样淡淡的，清清的，以致后来听很多人谈起来他时也是这样富有乌托邦的意象。

民以食为天。但民如果仅仅为了一口饭而存活，何谈为人？

美食说到底，只是一种过程，而非一个目的。美食于陆文夫来说，就是一种隐喻，一种主张，一种载体，一种记录。

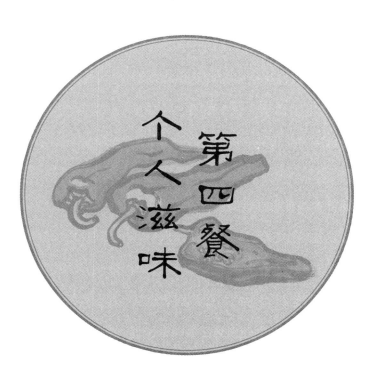

第四餐 个人滋味

面叶子耳朵

　　菱形的面叶就像是片片白色树叶翩然飞进了锅汤里，鸡汤是面叶的绝配。

　　2017年新春前我专程回了一趟县城老家。正值春节，家家户户都在烧大荤菜，煎炒烹炸，好不热闹，但我还是想去吃一点地道的风味。自己拎着相机出去转转，老远就看见一家饭馆门口摆起来的摊子上有雪片似的东西，是什么呢？难道是久违的面叶子？看一看确认了。会不会是人家自己制作摆在门口晾晒的？因为在我们老家这东西很寻常，哪里进得了饭馆？而且吃这东西的要么是怀孕的女人，要么是生病的人，要么是缺牙的老人，因为好消化。

看看店招，确认是卖的，里面还有几桌人在吃着喝着，说着老家的话，但听上去明显是掺杂着南方的口音。不用说，他们也是异乡归来，寻找乡愁味道的。听他们吃着面叶子汤喝着烧酒说出来的话也很有意思：说乡下人太难处了，你对他十件事好，一件事不好，你就是不好；还说你对他好也没用，背后还是会说你的不好；又说他们不跟你讲理，反正都是他们有理。言语中透露的是不想回来，还是大城市里的人际关系单纯，但是要吃顿饭还得是这种地道的乡村味儿。

我们北方县城以面食为主，板面、拉面、挂面不一而足，面叶子却是不上席的乡村风味。我记得我爷爷奶奶家常吃，因为牙齿掉光了，面条擀得飞薄，跟一张近乎透明的宣纸似的。奶奶家的擀面杖也是小小的，两头尖尖的，就像是织布的小梭子，表面很明亮，是岁月打磨的痕迹。我奶奶那把切面条的刀子也是小小的，都快赶上理发匠的剃头刀了，想必那也是跟着我奶奶太长时间的原因，刀把子就像是凭空融化掉了厚厚一层似的。我奶奶斜着切面条，切出来是菱形的，撒上面粉手一抖，一锅面叶子就成了。奶奶家的面叶子汤里常常会放菠菜，时不时地打个鸡蛋花，粉白、翠绿、鹅黄，搭配起来很好看呢。我爷爷吃面叶子时嫌味道太淡，就会放点自己腌制的酱豆子（豆豉）。我奶奶则直接往嘴里扒拉，连汤带面带菜，就像是喝粥似的。

有时候邻居家的婴儿被抱过来串门，我奶奶就会把面叶子汤递过去，说来喝点汤。大人们都知道，面叶子养人，就跟现在的婴儿吃的辅食一样，这东西到嘴里就化了。

　　进店后老板问我吃什么口味的，我随口而出：随便。老板娘说吃鸡杂吧。我说行。又问我配点什么菜，店里各种炒菜卤菜都有。我说我一个人，看着弄吧。老板娘就荤素搭配着给我来一个卤菜小拼盘，里面有牛肉、花生米、芹菜……老板在门口开火下面叶子，一个五大三粗的北方爷们儿，站在滚开的锅前，肥厚的大手握着一把面叶，一片片地往下续着走，就像是一个个单薄的美人往雾气蒸腾的浴池里滑行而去。我坐在位子上自顾自吃着卤菜，有点生冷和坚硬，看来我的牙齿不行了，小时候吃这些东西从来不会觉得牙齿不行。面叶子端上来时，一大海碗，漂着鸡心、鸡肫、鸡肝，都切得很大，透着粗犷劲儿。鸡汤里漂浮着菠菜，整根整根的，连叶子带根须，听说菠菜的营养都在根须上。面叶子比小时候吃的更白，更滋润了，一片片簇拥在鸡汤里，像是泡澡似的。白瓷勺子舀出来几片含在嘴里就快要化了。弱弱的，糯糯的，但显然已不再是小时候的味道，跟我奶奶切出来的面叶子也不同，店家的略显凌乱，且不够薄，倒是面粉的颜色不算太白，依然是泛黄的白。要知道，当年做面叶子的面都是自家种的小麦磨的，庄稼收获了去打面房磨面，然后回家和面揉面切面接着烧着吃。现在不一样了，现成的面是面粉厂出来的成品，商业化路线，快速、快捷、划算。我甚至怀疑店里的面叶子是机器做出来的。吃着吃着，还是安下心来，毕竟还是吃到了久违的样式，就当是怀旧一回吧，要知道现在去谁家也不至于给你做顿面叶子汤招待你。关键是我在吃这碗面叶子时觉得牙齿变锋利了，就像是又回到了年轻的时候。

呼啦啦汤和面都下去了，菠菜也下去了，就剩下了大块的鸡杂搁浅在了碗底。我想店主显然忽视了这道怀旧乡土小吃的根本所在，现在人吃够了大荤菜，来这里无非就是想尝尝清淡的面叶子汤，寻找一下乡间俗家的"病号饭"或是"月子汤"，因此这碗汤里不该有大荤出现的。我记得乡间谁家男人生病了说不想吃饭，没有胃口，那家婆娘就会说：那给你做点面叶子汤吧。男人多半是会吃的。面叶子汤好吃吗？不见得，尤其是那个物质匮乏、肚子荤腥不多的年代。但是有时候人就是想要这种吃的感觉，就像是一种特殊的待遇。要知道，病也有坏病和好病，譬如女人怀孕，会有各种反应，会被人说是"害好病"了，也就是说是喜事。那时候没有什么细致入微的饮食照顾，就是一顿面叶子汤伺候。男人会不会"害好病"呢？我想应该是有的。男女平等嘛！但我记得有一次一个叔叔躺在床上不起来，被人问害啥病了，我说"害好病"了，结果被他揍个半死。

中国人是先吃米还是先吃面的？不知道，恐怕各地区不一样，但饺子是最早被发现的面食。饺子其实就是人们为了改善伙食衍生出来的荤素搭配的面食，因此过年吃饺子也是各家各户对未来生活的美好盼望，盼望着来年多多改善伙食，民以食为天嘛。但现在不一样了，我们的口味也早已发生了改变。我们想品尝的并非那个面叶子汤的味道，而是那种氛围。往事不再来，寻常面叶子汤也已经进化到了一种时尚的吃法。当我向各位亲友通报说吃了一碗面叶子汤时，他们并没有鄙视地说，那玩意儿有啥吃头？而是说，不错嘛，你还能吃到这个！有好事者还会打听地址店号之类的。

其实我之所以对这道风味感兴趣完全是因为一句俗语。看英国一部电影里一个女主角说，一个人会几句俗语是不会坏到哪里去的。这是她的一种交友参考，细细琢磨，颇为有趣。我家乡有句俗语，说某某男人是面叶子耳朵，语气是带着鄙视和嘲讽的。意思就是说某某男人在家里没有地位，常常被女人拎着耳朵训，无非说的还是惧内。不知道为什么，在北方，男人惧内是极其不光彩的糗事，就连一些女人都会嘲笑这些男人没能耐。而在南方，尤其是文化界，怕老婆则成为一种美德，如胡适怕老婆的故事广为流传。我刚到苏州时租住在桃花坞，与隔壁苏州老夫妇合用厨房，每天下班回来都会看到男人束着花围裙站在锅灶前煎炒烹炸，女人则坐在电视机前看评弹。照我看，这日子的模式至少是从结婚延续到了如今，并且必将友好而和谐地延续下去。斗转星移，放眼世界，妇女围着锅台转的时代已经一去不复返了，男人下厨，天经地义。话说好厨师个个是男士，饭馆里难得见到一两个女士掂锅炒菜。当然了，好的烘焙师似乎还是女性居多。说到底，男人还是"咸"的多，女人还是"甜"的多。我想，随着一大批词语的语义变更，"面叶子耳朵"恐怕也会成为一种美德和时尚。说不定哪一天，面叶子汤也会进化成十全大补汤或是火锅之类的形式呢，以后的事情谁能说得准！

南方的糕，北方的面

　　南方的糕点不只是美味，外形也都很美，相对来说，北方民间对于食物的外形就不是那么讲究了。

　　羊年初春的一天，我正在睡午觉，忽然听到敲门声，当时以为是送快递的，讨厌，真会选时候，于是不情愿地起身开门，往外一看，没看见人。再低头一看，是邻居，邻家的老太太，个头儿矮，声音小，微弱如细雨。她手里抱着一个塑料袋子，里面装着鼓鼓囊囊的东西，是什么呢？她用地道的苏州话说，家里生小孩了，做了点糕。我一下子明白了，顿时激动。

　　说实话，平时我与邻家并无交际，小区里相互联系的大人也是因为小孩子在一起玩耍的缘故，且我是外地人（原籍非本地），与本地人相较，天生有一种自觉。现在邻家老太太突然上门来送喜礼，无疑是意外的惊喜。我接过礼物，连声致谢并道喜。老太太家子女多多，事业有成，常常传来聚会和麻将的声音，是个有福的老太太。

我急不可待地打开了塑料包，是糖和糕。糖有粽子糖、话梅糖，皆苏地产。糕亦两种，其颜色鲜亮到不能相信。红糖糕呈咖啡色，颗粒稍粗，但粗而不糙，方方正正，中间压一条吉祥彩带式的红糖糕，形如沙漠里的一条飘带，充满着魔幻色彩。白糖糕全为桃红色，透明、细腻、润滑，外观神似包浆，像一块上等的红玉，板板正正，天生一件艺术品。这等尤物，不忍下口。

这是哪家老字号出来的艺术品？

岳母是苏州人，说这种糕都是请人到家里来现做的。这是苏州人家的规矩，家有喜事，提前约了师傅，一做就是几百斤，亲朋邻居分分就没有了。岳母说刚做出来的比这还要漂亮，一大片白糖，都是这种粉红颜色。我能想象，灿若桃花，一片天香。苏州人就是图个这样的喜气。

苏州人的喜气也是雅致的，从视觉到味觉，从味觉到感觉。

人在食物面前，是经不住诱惑的。

两种糕，即刻上笼。不久便传来满屋的清香，味似芳草、花瓣。端出来，两种糕的颜色更是鲜亮，是鲜活的亮色，好像是有什么东西复活了。氤氲升腾中，糕的内里正在发生着极其微小的变化，肉眼看不见，但你就是能感觉到它在变化，不容置疑。

待糕稍凉，先夹起来一块红糖糕，沙、糯、温软、适意，乍暖还寒的初春，像是受到了恰如其分的关怀，甜度适当，软硬适中。

再来一块白糖糕，色若粉瓣，有玉兰、海棠、桃花淡淡的幽香，缓缓而来。细腻如线状流水，浸润在唇舌间，流经喉咙，像一股清泉，漫不经心地流淌着。你不知道它的终点，但你从来不担心它有没有终点。江南到底是水做的，连固体的食物都能吃出小桥流水的意境。

我眼前浮现出了矮小但慈祥无比的老奶奶，她的生命又添加了鲜亮的色彩，四代同堂，天伦之乐。寻常人家的日子可以有着无限的梦想，仅仅是因为一两种食物，生活的氛围便多了几许亮色和希望。

于是，我想到了小时候的食物，久违的几种食物。

先说洋槐花。吾乡盛产槐树，其木质硬度高，可以制作家具、农具，叶子可以喂养牛、羊、兔子，洋槐花还可食用。

洋槐花开花在春尾，延续到盛夏。花色有粉紫，有雪白。吾乡洋槐花以雪白为主。开花的时候，葱绿的树冠，一簇簇的雪白，形如分堆倒悬的雪花，芳香扑鼻，越是天热，越是芳香。过敏者可能会有点受不了，但蜜蜂喜欢，成群结队地拥来，一簇一簇采过去，满载而归。但超市里卖的槐树花蜜多不正经，芳香不对，味道不对，反不如直接食用槐树花来得实惠。

槐树分为洋槐、本槐，我怀疑洋槐树也是外来品种，因其名称带个"洋"字，如洋火、洋油、洋车等称呼。洋槐树花可食，这来自农人经验。吾乡有句俗话：经验大于学问。

说实话，我们家吃洋槐树花，不是因为它味美，是因为家里食物贫乏。荤菜隔几天才吃一次，素菜嘛，菠菜、青菜、韭菜、大白菜各有季节（那时候农人吃菜是严格按照季节走的），不能满足口腹之欲。于是，人们的食材开始从地上转向了树上，香椿树、洋槐树、楮树等，皆有可食的美味。

每到洋槐树花盛开的时候，村里手快的早早备好了竹竿，上面绑了镰刀或是钩子，对准一簇花的柄处，一使劲就是一嘟噜下来了，有时连叶子一起拉下来。人吃花，羊吃叶。

各家各户皆有洋槐树花，但大家还是喜欢去占公家的便宜，大队里的、学校里的"公树"，就成了众矢之的，常常被钩得七零八落。

花瓣弄回来，母亲就忙活开了。农家树没有什么污染，井水冲洗下即可加工。摘去杂叶，看看有没有虫子，分成小串，拌上了面粉（有条件的打上俩鸡蛋），上笼蒸。面粉颜色见熟即可出笼，槐树花略微变色，呈淡黄色。上调料、蒜泥、麻油、青椒丁、盐、味精等，调匀了，拌着吃或是蘸着吃，裹在薄面粉里的槐树花，芳香依旧，更有一种诱人的食欲之香。"风软景和煦，异香馥林塘。"有时候，食物烹饪的过程，即是材质的芬芳从淡到浓的过程。

洋槐树花还有一种食法，将花瓣撸下来，冲洗，然后伴在面粉里烙饼，面香裹挟着花香，花香伴着面香，相辅相成，锦上添花。

日头当午的时候，徐徐清风，荫下凉意，我最喜欢躲在洋槐树下闲坐，听相声，发呆，什么都不想，就看看洋槐树的花和叶，足以丰富。那时候不知道什么叫"魏晋清风"，现在回想一下，懵懂时期的我曾体验过。

再说一件冬季的食物——红薯叶子。此物原为食物的副产品。红薯分本薯和洋薯，本薯可以制作淀粉和粉丝，我们家每年都会制作，因为红薯过剩，连喂猪都来不及。洋薯则适合做粥、做花馒头，以及做馒头时在上面按一块上去，像是漫长的无聊生活里的一个点缀，一个小希望。

家家户户都会栽红薯，先要育种，垒一个类似温床的台子，里面放上牛粪、麦秸、细土什么的，把品相好、没有伤疤的红薯均匀摆放进去，蒙上塑料薄膜，讲究的还会插上一根温度计，时刻检查温度情况，时不时地浇点水。红薯秧子会渐渐长大，一簇一簇的，旺盛得像是发了疯。

一把把拔出来，像插秧似的插进土里，浇水。它们会继续疯长，到处攀爬，长的足有十几米，因此中间要控制它，要剪掉一些多余的枝条，拿回去喂猪。到了初冬，收获了红薯，就会剩下很多的红薯秧子。一下子收获了这么多，怎么办？为了丰富家庭食谱，主妇们就想到了此物。挑选上好的红薯秧子，甩到院子里的树权上，不去管它。

过了很多天，北风烈了，大雪下了，茫茫大地连一个青苗都不见了，主妇突然就想到了树上的此物。几团红薯秧子。雪覆盖着它，麻雀偶尔驻足，它们静静地等待着，等待着在腐朽之前实现自己价值的那一天。

或许也只有冬闲的时候，主妇们才会有时间弄点小吃。这个小吃就是红薯叶子烩豆面条。

把已经干枯透的红薯秧子从树上挑下来，摘掉形如深色破布头的叶子，一片片放进水里，奇迹出现了，它们开始舒展开来，展现出本来的宽阔和厚实，只是它们的颜色仍是枯色，但叶脉清晰，一道道，像是细细的山脉。

豆面条并非全黄豆面，需要与小麦面按比例搭配，具体可按口味调配。豆面条擀出来会是淡灰色，面条上像是有些大大小小的斑点，卖相不太好看，但闻起来有一股暗香。

面条切出来如小拇指宽，薄厚不一，连同撒出去的面粉一起下锅，汤浓面香。再把浸泡透的红薯叶子沥水，下锅。枯叶的薯香混合着豆香、麦香，叶茎与面粉的混搭，虽色彩暗淡，但暗香更浓。在冬季里的农家厨房的土灶上，散发着淳朴的风味，偶然经过的人，无须吸鼻子便知是豆面条下红薯叶子。

把赤红的朝天椒切碎了，放在油锅里炸，炸到由红变黑，在即将变焦的一刻起锅，浇在豆面里，一搅和，这碗面就成了。

面看上去粗粗的，但吃起来并不会觉得糙，甚至还觉得滑溜，红薯叶子嚼在嘴里，有点类似茶树菇，但味儿更醇厚更老道，像是在吃一个过程，一个从碧绿嫩叶到深褐枯叶的过程。它经历了孕育、成长、风雨、雪霜，直到在去世前再次验证了它的存在感。

豆类的蛋白质、小麦的淀粉、红薯秧子微甜的未知元素，构成了一道不起眼的农家小吃。

吃完后，立即发汗，肠胃舒服，全身通畅。直到喝茶的时候，还能回味出混合之后的面汤香。

已经很多年没有吃到这碗面了，走南闯北这么多年，也没有见过有哪个地方会做这碗面。由此可见，所谓特产，即是某个地方独创的特有的物产，虽然并无秘方可言，但在其他地方就是没有这种做法。

卢梭在《爱弥儿》里说："如果我想尝一尝远在天边的一

份菜，我将像阿皮希乌斯那样自己走到天边去尝，而不叫人把那份菜拿到我这里来，因为，即使拿来的是最好吃的菜，也总是要缺少一种调料的，这种调料，我们是不能够把它同菜一起端来的，而且也是任何一个厨师没有办法调配的。这种调料就是出产那种菜的地方风味。"

很多时候地方风味与食材有关，但也与其地人物有关。

我最难忘的还有一道菜——雪菜肉丝。在我最艰难的时候，只拿着几百元的基本工资，难以应付基本的租房、吃饭。在租住地附近有家小吃点，称不上店，一位老太每天烧上三四个菜，配上盒饭卖。此地靠近江边，有不少民工来往。我每天晚上下班回来，总要买一份雪菜肉丝加一盒饭，一块五毛钱（我至今都在怀疑是老太故意照顾我）。买回去，坐在不到十平方米的简易民房里，踏踏实实地狼吞虎咽。腌制后的雪里蕻，配上粗细不一的肉丁，酱油上色，米饭稍硬，嚼起来更香。混合在一起食用，一粒不剩。

吃饭，其实应该还原到最基本的需求。

印象中再也没有吃到那么好吃的雪菜肉丝了，盒饭的价格也是水涨船高，一块五的价格恍惚已是前朝旧事。

如今，我一吃雪菜肉丝就塞牙，要么是雪菜塞牙，要么是肉丝塞牙，要么是两者一起塞牙，后来索性就避而不吃了。

鸡屎藤算什么风味？

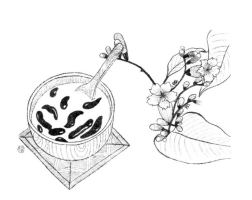

　　鸡屎藤听上去名字不太雅，但吃起来的确很美味，美食有时是不能只听名字的。

　　我去海南岛已经好多次了，提起吃来，似乎没有什么特别印象。妻子倒是津津乐道地说，木瓜好吃，酒店里的自助餐顿顿有木瓜，黄皮、红瓤，好吃得不行；还有海鲜粥，酒店旁马路边的小摊子，小海鲜熬制的米粥，不油不腻，吃多了也不会撑着，味道鲜美，尤其是坐在三亚的椰树林下吃，吃一口看看大海，更是觉得美得不行。说起这些来，我也不反对，但我总觉得这还称不上地道的海南味儿。这次我趁着去看一个在海口工作的老家的哥哥，得以尝到一味地方风味。

　　老家的哥哥在海口工作多年，对当地熟得不行，尤其是吃的东西。他请我去了板桥海鲜大排档，上面写着大标语"不到板桥吃海鲜，就不算到过海南"。大，太大了，这个大排档足足能同时容纳下两千人吃饭，吃饭的形式也很有趣，排档中间有一个大市场，可以自助采购，各种海鲜应有尽有，还有当地的文昌鸡、加积鸭、东山羊等，这些我多少也都吃过。食客可以有两种选择，一是自己去买，吃什么买什么；二是可以交给加工者去办理，但据我看一般都是自己动手丰衣足食。我哥他们去"菜场"采买了生蚝、石斑鱼、海螺、大虾、鱿鱼等，买回来让加工者加工，然后付给他们一定的加工费。

　　加工的人接过海鲜一看，就知道哪种东西是死的，哪种东西是活的，太老到了。我哥还叫了椰子饭，上来是一牙一牙的，吃完了饭还可以继续啃椰子肉。蒜蓉生蚝、酱油大虾、油炸鱿鱼段、清蒸石斑鱼等，就着老家的高度白酒，酒足饭饱，微醺而去。第二天想想哪种东西好吃，反倒没感觉了，就是觉得海鲜就是这个味儿，还能是个什么味儿呢？但是一想起来吃饭的过程就觉得好玩了，想起来一句"名言"：排档那么大，我想去吃吃。

　　后来我哥还请我去吃了双拥广场的海鲜粥，大海碗，镶着大红花，碗里的米粥不白，微微泛黄，漂着油花，捞出来货真价实。整只的海蟹，一剁两半，海虾仁一捞好几个，只只有食指大，再配上豆腐丁、芹菜丁什么的，鲜美可口，米粒生香。吃完了付账四十元一碗，价格还算可以。记得当时还吃了椒盐鸭头下啤酒。吃完了就觉得是海南味儿，但似乎还不够地道。在海南去了古色古香的五公祠，是一个与苏东坡有关的旧园子，很有意蕴。又去了闹市区的大商场，还去了骑楼，和20世纪20年代初的南洋建筑群，吃过海南的各种粉，如沙虫酸菜粉，黄灯笼椒辣得不行。在骑楼老街我俩各自抱着大椰子喝了个够。

几天的行程中，我都会无意中看到一种小吃的宣传，老街边上，新街巷子里，小区一角，商场一隅，但是我看吃的人并不多，名字有点怪异："鸡屎藤"。我一时还真没有勇气走上去问问到底是什么，远远看过去像是一种面食，朝天椒大小，深青色的，两头尖，就像是染了色的面窜条或是小面鱼。对未知小吃的好奇一直伴随着我。

终于到了要离开海口的时候，我一个人拖着大包小包到了美兰机场，一个以免税商场著名的海岛机场。但我无心购物，我饿了，我想去吃点东西，麦当劳、海南鸡饭、永和豆浆……等一等，在永和豆浆的边上有一个招牌，小小的，不起眼，上面清楚地写着"鸡屎藤"，全名应该是"姜汁鸡屎藤粑仔"，还有"椰奶鸡屎藤粑仔"，图片上的实物是一个半大碗里盛着一堆像是青圆子的食物，汤是纯白的，奶白奶白的。我就吃它了，点菜。

吃什么？点菜的男生看着我问。

我说姜汁鸡屎藤。我声音不大，似乎是怕被人听到。

男生还没点完突然走到后台去了，回来后继续问我，吃什么？这时我身后身旁都有排队的了。于是我又重复了一次。我手里攥着准备好的钱，二十一元一碗，我的声音却像是来偷东西吃似的。

点菜的男生顺势重复了下，声音也不大，鸡屎——藤还没有说清楚就结束了。这时旁边排队等候吃永和豆浆的小女生与男朋友小声嘀咕着什么，边说边笑。她说到了这个小吃的名字，接着就呵呵呵……了。

我理直气壮地放下大包小包，坐下来等食物。我就坐在吧台等，身边的人都在吃着面、饭、菜、豆浆、甜品什么的。我坐在吧台前看着，吧台内的小姑娘正在制作我的小吃。她已经开始在小铝锅里熬制着什么了，深绿色的，类似小圆子，但不够圆，大小不一，散发出类似绿豆、糯米的气味，但那也只是我见物而想象出的气味。熬到开锅起泡沫，就快要溢出锅外时，又让它滚了几滚子后，才起锅倒进一只椭圆的瓷碗里。那只碗就像是一只橄榄球竖着剖开两半时的形状，是青花瓷碗。基本就绪后，小姑娘最后往碗里倒上加工好的金色桂花，桂花落入滚烫的红汤，生出了诱人的清香。服务员绕过吧台给我端上来，老远飘出了姜汁味。看他们的招牌上说鸡屎藤粑仔是海南名菜，他们还是此项专项奖的获得者，只可惜自始至终只有我在吃。至此我也才明白，鸡屎藤的样子不止一种，有的是长条的，有的是半长条的，还有两头尖的，也有这种小圆子样的。

红汤，暗红的清汤，碗里看不见底，但也看不见鸡屎藤。只看到漂浮的桂花和姜丝，姜丝切成了火柴杆大小，随意浮在汤面。用塑料勺子伸进去捞上来，鸡屎藤圆圆的，表面并不光滑。深绿色，或者是暗绿色的，确切说与鸡屎无关，因为看起来颜色不像是鸡屎，样子则更像是羊屎。

这种食物吃起来很糯，富有韧劲，对于我这种牙不太好的，需要嚼上半天，可以好好品尝出其中的糯香和糖甜。

海南的米一般，说是很糙，因此海南人更喜欢吃东北米。但我觉得，这不准确，海水和火山岩土滋养的大米就应该有一种别样的糙味，营养应该不输东北米，只是吃口不是太好。我是吃过的，要细嚼慢咽，可以发现这种米很有韧劲，能咀嚼出真正大米的糖甜。

海南盛产甘蔗，充足的光照更使得这种含糖类的植物大放光彩，因此这碗鸡屎藤中的糖分实际上是本地的甘蔗产生的。

海南的很多东西都要依靠岛外调取，因此物价并不算便宜，但这种小吃本身价格上不去，更不会刻意使用外地的原料。

当我在慢慢咀嚼这碗"耙仔"的时候，我就想象着海南原住民在遇见第一个岛外人时的惊奇和不适。他们祖祖辈辈已经习惯了封闭生活，且在他们看来并不是封闭，而是过自己的日子。现在他们的生活被彻底打破了，当然有利有弊，凡事皆如此。但开放是大趋势，无人能够阻挡。

因此我认为当年他们命名自己的食物的时候，并不会想到这名字会不会给外人带来不适，更不会考虑市场，因为这是他们自己的食物，阿猫阿狗，全凭自己，形象、好记、好玩就行了。也有可能早期的鸡屎藤并不是现在的口味，甚至比现在还要"难吃"，但这"难吃"是对于外人，口味只要适合自己就行了，就如同我们爱吃甜咸，却有地方爱吃酸辣。在日益开放和国际化的发展进程中，当我穿行在被肯德基、麦当劳、必胜客以及港式甜品、意大利餐厅、星巴克咖啡馆包围着的街巷里，看到海南小吃鸡屎藤巴掌大的招牌时，禁不住停下来脚步去看看，但并没有勇气去品尝。直到在机场打发时间时才鼓起勇气去做个外来的吃螃蟹的人。我看了下，在我吃的一个小时内，没有第二个人吃这种奇怪的东西，可能单单名称就把他们吓跑了。

这种鸡屎藤应该是海南的一种植物，其实这种东西与鸡屎没有任何的关联，它只是民间的一种习惯性称呼。到一个地方，如果没有吃到地方小吃，恐怕就不算是真正品味到了这方水土的文化。咀嚼完潜伏糖水底部的鸡屎藤粿子后，我觉得唇齿留甜，继续喝了几勺糖水，有桂花的清香味儿，金色花瓣轻盈地漂浮在水面，像是留恋于甘蔗味的糖甜。

这一味小吃与大海、与植物、与风味有关，名字虽不能登大雅之堂，但却是我等寻常百姓应该品尝的俗味。口味既不似臭豆腐那样的奇臭，也没有榴梿酥的异臭，更没有西南一些少数民族风味菜的酸臭。有的只是清清的香，淡淡的甜，是普通的味道，也是不同寻常的味道。值得品尝一下。

长安滋味如何？

西安的很多美食都离不开面粉，如肉夹馍、羊肉泡馍。

2015 年夏末，咸阳机场的阳光通透之至，像一面亮绸铺陈在宽阔的机场地面，为洁白的机身也镀了一层金。

长安一夜入秋，因为一场晨雨的缘故。

妹妹和妹夫请我晚饭。晚上吃什么？羊肉泡馍。之前吃过，在江南吃的，基本上是变了味的风味小吃，充饥快餐而已。

饭馆在未央区"不三不四路（凤城三路、凤城四路中间）"，说是处于一个中间地带，有点"三不管"的意思。夜灯之下车子都停满了，西安人好吃并非虚名。老字号"老米家"的一间分店在此。妹夫说，西安的羊肉泡馍"老孙家"味儿比较正，但要去老店才行，现在这家也很好。其实老字号也要看时代，每个时代可能会有不同的字号崛起。我看过资料称，西安的羊肉泡馍要数"同盛祥"和"老孙家"，但那是前朝岁月了，有的字号经历公私合营后工艺和口味都变了。

坐定位子后，伙计先为每个人端上来两个看上去白生生的饼子，饼面上有突起的字号和轧花，真好看。碗里还有一张编号。伙计开始就问是自己掰还是他们直接掰好下。我不懂，不禁环顾四周，就看到旁边有女子在细作地掰馍；上去摸馍，有点硬，掰起来韧劲十足，远没有想象中的脆弱和好对付。

妹妹说自己掰，说着就开始动手。我也不含糊，跟着忙活起来。我拎起饼子来，像掐烧饼似的，利利索索地撕成了十几块，扔回碗里——完工。

妹夫说，（指我掰的馍）什么呀！人家肯定不给（你）煮，要撕成米粒子大小才行。我晕了（因为我撕得比麻将牌还要大不少）。那得要多少工夫啊，我是来吃饭还是来干活的？妹妹说，不行你让他们给你直接掰了煮得了。但我又不甘心，凭什么呢？人家花钱能体验下手工活，我就吃现成的？自己动手，丰衣足食。妹夫说老早的时候都是自己掰馍，尤其是一些老人们，可以聊聊闲话，西安话叫"谝"。现在人也觉得好玩，大多数是自己下手。于是，撕、掐、拽、拧……各种手法齐上阵。我心想，这活倒是能练练俩手的灵活性，顺便还可以做做手的保健操。

　　饼子的面特别好，说是半发酵，有一股甜丝丝的香味。掰着掰着就想往嘴里偷吃几粒。掰馍的时候，妹夫一再提醒我说，米粒大，最好能掰成苍蝇头还是蜜蜂头，反正就是尽量往小了掰。说实话我掰馍的时候就在想，会不会有心急气躁的掰得心头火起？西北人按说性格风风火火的不该是这样笃悠悠的。但又一想，好饭不怕时间长，为了自己的味蕾，恐怕再没有耐心的人也会自动培养起来。毕竟，吃饭是天大的事情。

　　当那碗热气腾腾老远就闻到肉香味的羊肉泡馍端上来的时候，看着汤里浮着的渐渐滋润的泡馍，你会觉得那点劳动真是超值了。据说汤是大牛骨熬制的，骨肉分离着熬。肉质也好，嫩香入味，咀嚼不费劲。汤里有粉丝、葱花、香菜，料多却能够互相包容味道。一小碗糖蒜早已经摆在跟前，淡淡的糖醋味袭来，色泽如蛋黄，空口也能吃上几瓣，就着羊肉汤更能祛膻解腻。说起此物，我倒想起来我老家干妈，善于做菜，尤其会腌制糖蒜。只是不知道她用了什么妙方子，把蒜瓣扒得溜光的，腌制出来呈碧绿色，看上去就像是翡翠玉，使人不忍下口，且色彩渐变，真如宋瓷青釉，青翠欲滴，是下酒的绝佳小菜。此青蒜瓣入口清、脆、爽，不辣口，回味有淡淡的蒜甜。每有人问及秘方，干妈总是秘而不宣，只说你要吃我给你做好了，因此至今还属于秘方。不少人到她家拜年饮酒就冲着那头翡翠蒜瓣去的。我在想，如果此时羊肉泡馍就着翡翠蒜会是什么滋味？

偶读赵珩先生的《老饕漫笔》提及西安的羊肉泡馍，说牛、羊肉选材考究，羊是肥嫩新鲜的绵羊，牛则要选四岁口的牛。

如何知道是几岁口的牛呢？说起来很是神奇，我爷爷是做牛经纪人的，帮人卖牛一辈子，一头牛到他面前一打眼就知道能不能出力或是能出多少肉，然后再扒开牛嘴看看牙口就知道具体岁数了。"经验大于学问"，其实经验也是来自长期的实践积累，因此通过牛的牙齿变化是能够了解它的岁数的。

说到吃馍的流程，赵珩也提及自己掰馍，说几乎不见先洗手再掰馍的，于卫生可能不利。就这一点，我又想到一句老话"不干不净，吃了没病"。从前的生活可能受条件限制，没法儿讲究，只能将就了。但现如今是否还要延续旧俗则要看各人习惯了，反正各家饭馆里洗手间还是有的。赵珩在文中还提到了一个词，"饦饦馍"。"饼谓之饦"，这是《方言》的记载，宋代的朱翌说："北人食面名馎饦。"

饦，其实就是饼或馍，但不是寻常意义的馍。北方所说的馒头，那种馍到了荤汤里就散了，就连北方的烧饼也不经泡的。而这种饦饦馍就算是再小的粒子，在汤里怎么泡都不会烂糟糟的，真是令人称奇。

　　就饦饦馍的做法，20世纪80年代初期由陕西饮食服务公司主编出版的小吃书上曾披露过具体做法：以制作十个为例，用温水八两将碱面五分溶化，倒入二斤上白面粉，和成硬面团。用湿布盖严，饧约十分钟后，将面团分成十个面剂，揉匀收圆，擀成直径约二寸五分的圆饼坯，再用擀杖将饼坯周围打起棱边。先放在三扇鏊（鏊是什么？说白了就是平底锅，但这里有个解释："用来烙烤面点及烧饼的一种铁制烘炉鏊，以木炭为燃料。它的直径约一尺二寸，分上鏊、中鏊、底鏊，故称'三扇鏊'。"特殊的工艺，总是伴随着特殊的器具诞生）的上鏊约烤三分钟，待棱边烤黄，然后放入底鏊烤五分钟，约有九成熟时即成。任何一门小吃，都蕴藏着极其细腻的匠心，不敢轻视。就泡馍的大小，这里就提到了一个词"蜜蜂"，即蜜蜂头大小。

　　小书中还提及，食客对于肉的部位可以选择，如肥肋、腱子、口条、蹄筋、肚头等，并且由厨师配好再端给食客核对，叫"看菜"，如果想多加肉，则叫"双合"。

　　对于馍的煮法也有三种："干泡"，要求煮成的馍，碗内无汤汁；"口汤"，要求煮成的馍吃完了，仅留浓汤一大口；"水围城"，适用于馍块较大的，就是在汤完全烧开后，再放肉和馍，看来像我这样的外地生手很适合这种煮法。

　　那时候上菜也有讲究，由服务员将糖蒜、香菜、辣子酱及芝麻油分别置入小碟，摆放在餐桌上，顾客自取食用。吃时不能来回翻搅作料，而是搅一点吃一点，此为保证口味新鲜。餐后还要饮用以原汁汤加粉丝烹制而成的高汤一小碗，再喝两杯湖南安化浓茶，顿觉心旷神怡。就此我看赵珩提及，他最喜欢吃泡馍时以黄桂稠酒佐餐，而且要用锡壶装酒，说是二者相和为绝配，吃得大汗淋漓，好不畅快。

　　说到此酒，我记得西安好友王润文曾请我在书院门一家小馆子喝过，色白如奶，微甜，兼有桂花的清香，多喝不上头，温温更相宜。在西北能尝到江南的味道，真是令人感到亲切而温馨。据说这种酒能追溯到周朝，那时称"醪醴"。有人说杜甫笔下的"李白斗酒诗百篇，长安市上酒家眠，天子呼来不上船，自称臣是酒中仙"中的"斗酒"就是稠酒。并说贵妃醉酒之酒就是这种酒，听起来就很是浪漫。我特地查询了这种酒的酿制方式，其中有两种必不可少的原料，一是小曲，就是用糯米或大米加入曲母，经过培养发酵后制成的曲，用来作为酿制醪糖的曲母；一种是黄桂酱，即用鲜桂花和白糖腌制而成的桂花糖酱。20世纪80年代时酿造此酒还要放糖精，想必最早时期不是这样的，因此我在饮用时未感受到此酒早期的介绍所述"汁稠似乳，浓郁醇香，绵延适口"。不过还是与江南的桂花酒有一拼。

　　在西安期间，我对热闹的大雁塔不感兴趣，就自己打车去了小雁塔。车子经过朱雀门、古城墙，见有人在城墙根下睡觉，真是一梦到长安。兜兜转转到南门，见松园、榴园标识，真令人心向往之。看永宁门、安定门等，觉得恍然到了北京的感觉，只是比北京苍古了许多。

小雁塔的景致，颇有日本京都的意蕴。其实应该是反过来的，先有小雁塔，再有京都的意蕴，此地颇有女性的婉丽。探溯历史渊源，发现此地与武则天有关，据说长平公主宅邸就在附近。看玲珑宝塔残缺的檐角，就像历史刻意留下的疑问和警示。

此时，看到一队队外国友人前来参观，是欧亚经济论坛文化分会的代表们，各种肤色，不同国界，在此歇息。在历史上，也曾有这样的采风，他们与小雁塔对望，倏忽就是千年。白云在悠然地走着，蓝天旷远，使人心高。是塔在移还是云在动？在此地，人心是静的。

小雁塔更像是一处清雅的小园林。园内空间得当，除了高塔、楼阁，还有单层的建筑，歇山顶、硬山顶，不大，却典雅宜人。园内植物丰富，无名小草默默滋生，1300 年的国槐赫然屹立。漫步小园，留恋不舍。关中八景，还有几处留存？看 20 世纪初日本人拍摄的大雁塔、小雁塔两座塔的位置，同时被收入一个镜头中，相互遥望，就像是一对情侣，真是绝妙的规划。

出得门外，见对门的泾县老字号小饭馆卖生氽丸子汤和肉夹馍。我吃饭喜欢随缘，就地安排。反正记得丸子味道清新，里面加的佐料也好，腐竹、豆腐、木耳、粉丝、冬瓜、青菜等，但是这些辅料没有抢丸子的风头，反而为我接下来要吃的肉夹馍进行了荤素中和。有关丸子汤，我家乡有个坟台小镇，就出产丸子汤，丸子里并没有肉，而是用绿豆加面粉氽出来的炸丸子，佐以大骨汤，放青菜、木耳什么的，吃多了也不会发腻，一般都是配着烤制的烧饼。

有关陕西的肉夹馍，我在不同地方都吃过，但每次都发现口味和形状不相同。我把它定位为中式汉堡。有段时间我为了赶稿子，就买了一沓回来放冰箱，饿了就微波炉热下配着碗红茶就是一顿饭了。其实，肉夹馍的关键不只是馍，还在于肉要好。西安樊记腊汁肉就不错，老汤，新料，据说它的腊汁汤已经过了半个多世纪了，肉糜而不烂，"肥肉吃了不腻口，瘦肉无渣满含油"，而且肉入口即化，真是老少咸宜。据说肉夹馍不只是夹猪肉，还可以夹羊肉，西安"辇止坡"老童家的腊羊肉就是一绝，据说庚子之役时慈禧太后携光绪帝逃难到此，闻到肉香，就此与腊羊肉结缘，后来赐名"辇止坡"。其实在美食面前不分尊卑，皇帝也是一样地喜欢品尝民间小吃。在于右任的家乡三原有羊肝夹馍，用菜籽油热炒羊肝成米粒状，然后夹馍吃，"肝屑如粉，味道浓厚，鲜香异常"，真是令人心向往之。

　　妹夫家在汉代长安城遗址附近，门口不远处就是未央宫所在地，只是看上去就是土坯墙，一派荒凉，但到底还是有些气势的，护城河、墙垛、古道等，就其规模和规划看，当初宫殿的恢宏和富丽必是傲视而居的。闲谈中得知妹夫的父亲曾在延安当骑兵，说战马是不杀的，还要给它们养老。又说起汉唐文化，说村附近有个感业寺，武则天出家的地方，说这座小庙与洛阳白马寺的渊源；说感业寺原名为感应寺，小时候他常骑马过去玩。后来马被"上面"收走了。现在村里都在等拆迁，大家都很支持规划，希望恢复"汉城"遗貌。老人家还参与组织秦腔团，他负责打边鼓；老人家能喝酒，喜欢喝高度的，喝高了喜欢吼上几嗓子。聚餐是在妹夫同学的饭店里，叫"真爱中国"，总厨张建峰，是妹夫的发小，长得像钟镇涛，钟镇涛也扮演过总厨的，好像是《满汉全席》。总厨推荐我们吃吃店里的炒凉粉，凉粉热腾腾的，用石锅盛着，香气扑鼻，只是深褐色的颜色不太好看，因为是用山芋做的。切成芝麻糖大小块，看上去就像是软软的冰块，其实这才是真正的民间味道，也正是我小时候吃的味道。凉粉里有葱姜末、蒜蓉、辣椒丁、蒜薹段等，用石锅烹制更有着石头炙热的香味，吃起来别有一番风味。满满一锅都被我们吃光了。

　　还吃到一味面食，名"麻食"，或写作"麻什"。胡萝卜是黄色的，小麦是白色的，菠菜汁是绿色的，鸡蛋是橙黄的，和面出来，然后用手一个个掐出来，如小玉片，又如小贝壳，吃起来爽口，滑溜溜的，绝不会粘牙。当然汤料也很重要，牛羊肉汤，加入青菜、木耳、火腿、香菜什么的。据说面粉里是要加些荞麦面的。厨师说，此味很是养胃，加一些醋更是适口，关中名为"猫耳朵"，是名副其实的民间美味。在此又尝到了一道黄鱼加肉松，脆中有酥软，香糯中又有点嚼头。

　　在西安期间我住在未央区风华路附近的酒店，闲暇时就出去觅食，寻找小吃。酒店向东几百米就是居民区和大菜场。一路上看店招，大部分以面食为主。来到小胖子手擀面店，说是总店。人已经很多了，外面也支了桌子坐满了。西安人吃饭都是豪放派，不讲究环境、节奏，反正逮着什么吃什么。轮到我点菜时却不知吃什么，菜单太丰富了，有面条、卤菜、饺子、粉丝汤、酒水什么的。有一种饮料叫"冰峰"，不知道何味。随口点了一碗炸酱面，伙计先端上来一碗面汤，碗是朴素的棕色釉小坡碗，汤白泛黄，素洁无物，隐约有一股麦香，说是煮面汤。大厅里人声鼎沸，喝酒的，抽烟的，喝汤的，吞面的，扒蒜瓣的，还有闲聊和看手机的。伙计隔一会儿就端着面、菜或是汤喊号，声音大，却不刺耳。流水号，我排到88号。西安话要适应一下，有些浑厚，有些婉转，我得仔细听着。面上来了，碗大如盆，碗边染有扎着小辫的喜气童子和红灯笼，童子动作活灵活现，色调是民间常用的喜庆色彩。碗口大开着，像是盛开的非洲莲。面条粗，看上去像是崇山峻岭的支支脉脉，铺设着诱人的卤汁，酱色的。有胡萝卜丁、西红柿丁、肉末等，几条碧绿飘带似的青菜卧在面碗一隅，如同大晒场一角的小片绿荫，颇有景致。

对面食客已经吞面如虎，我动作轻慢，生怕溅出来什么，或是浪费了什么。在开阔的面碗里慢慢动筷，像是开始一场未知的长途旅行。面条宽大却劲道依旧，嚼在齿间并不会粘牙，且面中的原香还在。听人说山西人碱水重，要吃醋中和。陕西的面劲道秘诀何在？或许就在摔打面的功夫上。吃了一大半，不觉已经有点撑了，但舍不得那些尚在温热卤汁里的多棱面，端起小碗，喝汤，汤是淡的，但仅仅是没放盐的清淡，不是那种寡淡，黄白的汤里浮着煮熟的面粉如细雪上下游弋。麦香的味道已经确定，黄土高原上的太阳当头，这麦子就敞亮地晒着，吸收着远古的阳光气息。顿时胃里清爽许多，安心许多。继续吃面，吃到装卡车似的正好是一满车，而且确保不晃悠了。面汤就恰如其分地填充在那些面与面的空隙里，严严实实地快乐着。食完望着热闹的大厅还不想走，人越来越多，长队已经排起来。如果人人换成古装，再把周围的建筑撤换成古建，说是回到了汉唐时期，也是毫无违和感的。再看看店里，伙计和老板都是对的，气场服务都是对的，关键是口味也是对的。

离开西安后，妹妹给我带过西安的胡辣汤。其实我家乡也有胡辣汤，但两者味道截然不同，前者更富有一种野生的民间味道，感觉更放肆一些更醇香一些，只是什么东西一进入真空包装就变味了，总不如原地原食来得醇正。不过他们婆家自己加工的馅饼却格外地好吃，饼子上有轧花，里面有芝麻、核桃、瓜子仁、杏仁、葡萄干，我还吃出了玫瑰酱的香味。吃的时候把饼放在平底锅里两面熥一熥，外面焦脆可口，内中酥软香醇，无论是喝茶、下酒、喝咖啡，还是淡口解馋，都很相宜。听说这饼是妹夫的母亲亲手做的，真是使人温暖。

为此我曾专门实地去看此饼做法。在汉长安城遗址附近查村。有一处人家专门代人制作此饼"饦饦馍"，天不亮就开工，屋内两张床上堆的全是大饼小饼，满院飘香。顾客多是自备馅料，现场包制轧饼，用来轧花的是一起锡制模具，圆形，花纹为卷云纹。我回头一查，发现此纹正是取自汉代的瓦当。听妹夫说，从小家里做饼都拿瓦当轧花，后来渐渐失传，瓦当也就不见了。倒是这种花纹依旧留在味蕾之中，并继续以食物的形式延传下去。

离开西安很长一段时间后，曾多次遇到好友韩城走出来的闫妮，就问她家乡美食几何，印象中其家乡出"大红袍"的花椒，是制作好几种美味的必备之物。闫妮说："下次请你去吃饸饹。"我知道这种面食，因为我家乡有一种食物叫"格拉条"与之类同，都是用机器轧出来的，然后拌食，"远香近臭"，因此我还是更向往着"饸饹"，尤其是看到饸饹上红红火火的拌料，就使人食欲大增。我妹妹倒向我推荐韩城的花馍，还实地发了不少照片给我，韩城人真是把面食当成艺术品对待的，看上去都不忍下口。完全是形而上的。但食物的最大价值还是在吃了它。看来，还得多去几趟关中才能彻底解解馋。

大师的零食和酱菜

语言文字学家周有光先生生前嗜好一种民间食物，即苏州玫瑰腐乳。

偶读到一本有趣的书《喂养中国小皇帝》，其中提到了一个问题：孩子断奶后应该吃什么？是吃成年人食品，还是说有一种过渡的食物？书里提到，在中国似乎是没有过渡食物的，如干糕粉、老米粉，但其实那往往是有助于孕产妇增乳的食物，儿童食之不过搭了便车。

但我却记得，小时候虽然不富裕，但还是有一些可做过渡的吃食，如米汤、小米粥、蔬菜面疙瘩汤之类的。当然与现在严格按照营养比例调和出来的蔬菜汁或是专业的婴儿辅食是没法比的。

书里还提到了鲁迅先生"屡次忆起儿时在故乡所吃的蔬果"，还说那"都是极其鲜美可口的"，"今天看来也不过是菱角、罗汉豆、茭白、香瓜而已"。

这个说法倒是实在，物质匮乏时期的一些零食不过就是寻常食材巧手加工的结果。如我家乡的馓子，不过就是寻常的面粉，经过一番加工和油炸后就成了年节的零食，在缺少油水和零食的年代，孩子们特别爱吃。除此之外，还有炒麦仁、炒黄豆、炒蚕豆等，也都是物质匮乏时期的乡土零食。

说到蚕豆不得不说到鲁迅。鲁迅笔下的孔乙己使人一想起来就是一股醇香的茴香豆味。"温两碗酒，要一碟茴香豆。"茴香豆的主要原料就是蚕豆，做法其实也不复杂：蚕豆清洗上锅猛煮，然后放入料酒，要知道绍兴就是出好料酒的地方，尤其是上等的加饭酒更佳；同时放入食盐、桂皮、茴香、酱油等作料，再以小火炖煮，让豆子充分入味，直到蚕豆完全被浸透了味道。拈起来吃在嘴里很有嚼劲，咸中带甜，甜中带糯，香味长久滞留在唇齿之间，可谓是下酒的佳品。当地有民谣称："桂皮煮的茴香豆，谦豫、同兴好酱油，曹娥运来芽青豆，东关请来好煮手，嚼嚼韧纠纠，吃咚嘴里糯柔柔。"谦豫和同兴据说是绍兴两家老牌酱园，上等的酱油对于茴香豆的口感也起到重要作用。

　　只是我比较疑惑的是，当时到底用的是哪种茴香？要知道茴香有两种，大茴香、小茴香。大茴香就是八角，小茴香则长得像是文竹，秆子和果子都能作为作料。查资料可知，大茴香、小茴香皆有散寒止痛、理气和胃的功效，都可以入中药，我以为大茴香可能用得多一些。而蚕豆，一直被传可以补肾，或许是因为其形状相像，但蚕豆属于中性食物，味甘，微辛，除了对蚕豆过敏的人基本上都可以食用，据说还能"解酒"，难怪孔乙己喜欢以此佐酒，当然老孔则是因为囊中羞涩。

　　除了茴香豆，鲁迅还喜欢吃花生，当年他母亲在北京时还给他送过花生。鲁迅写过吃花生的禁忌，说"落花生与王瓜不能同食"。鲁迅在小说《孤独者》中曾写道："我"去访问魏连殳，"顺便在街上买了一瓶烧酒，两包花生米，两个熏鱼头"。

　　我认为，作家写吃，基本都是自己爱吃的以及身边熟悉的食物，如陆文夫写苏州面和点心，汪曾祺写家乡的"炒米和焦屑""端午的鸭蛋""虎头鲨、昂嗤鱼、砗螯、螺蛳、蚬子"及"蒌蒿、枸杞、荠菜、马齿苋"等。

　　看邓云乡写鲁迅的文章时发现，鲁迅喜欢吃甜食。如1932年11月27日鲁迅日记写道："午后往师范大学讲演。往信远斋买蜜饯五种，共泉十一元五角。"信远斋是琉璃厂附近一家老字号，徐凌霄在《旧都百话》中这样记载：暑天以冰，以冰梅汤为最流行，大街小巷，干鲜果铺的门口，都可以看见"冰镇梅汤"四字的木檐横额。有的黄底黑字，甚为工致，迎风招展，好似酒家的帘子一样，使过往的热人，望梅止渴，富于吸引力。昔年京朝大老，贵客雅流，有闲工夫，常常要到琉璃厂逛逛书铺，品品古董，考考版本，消磨长昼。天热口干，辄以信远斋梅汤为解渴之物。

梁实秋也写过信远斋的杨梅汤：信远斋也卖酸梅卤、酸梅糕。卤冲水可以制酸梅汤，但是无论如何不能像站在那木桶旁边细啜那样有味儿。我自己在家也曾试做，在药铺买了乌梅，在干果铺买了大块冰糖，不惜工本，仍难如愿。信远斋掌柜姓萧，一团和气，我曾问他何以仿制不成，他回答得很妙："请您过来喝，别自己费事了。"

徐霞村的《北平的巷头小吃》中记录有酸梅汤的做法：乌梅放到大量的水里去煮，煮时加上冰糖和桂花，煮好把渣滓滤去，加以冰镇，即成。然而怎样把乌梅、水、糖、桂花这四者的分量配得恰到好处，那就是每个制售者的秘密了。

邓云乡为此专门强调说，据说信远斋的酸梅汤煮时要放豆蔻。但具体放多少，如何放，却都是秘密了。或许这也就是其口味好坏的关键所在。

各种果脯、奶油蛋糕、萨其马等都是鲁迅写作之余的零食，对于写作者来说，缓解压力最好的饮品无疑是茶与咖啡，而食物则是带甜味的零食。

说到零食，似乎很多学者到了晚年都会与零食为伴。偶读王东明女士所写回忆父亲王国维的生活细节，其中就有零食的记忆："父亲喜爱甜食，在他与母亲的卧室中，放了一个朱红的大柜子，下面橱肚放棉被及衣物，上面两层是专放零食的。一开橱门，真是琳琅满目，有如小型糖果店。"

王国维先生有个贤惠的妻子，常常进城为他购买零食储备着，如蜜枣、胶切糖、小桃片、云片糕、酥糖等，说"大部是苏式茶食，只有一种茯苓饼，是北平特有的，外面两片松脆薄片，成四寸直径的圆形，大概是用糯米粉做的，里面夹着用糖饴混在一起的核桃、松子、红枣等多种小丁丁，大家都喜爱吃，可是母亲总是买得很少，因为外皮容易返潮，一不松脆，就不好吃了"。王东明记录道，工作之后，"（父亲）到了三四点钟，有时会回到卧房，自行开柜，找些零食。我们这一辈，大致都承袭了父亲的习惯——爱吃零食"。

除了零食，王国维对菜肴也有些挑剔，喜欢吃妻子亲自烹制的红烧肉，其他人做的不爱吃；还有各种豆类制品也爱吃，如豆腐、豆干、百叶等。

这一点，梁漱溟倒是有些不同。我读他新出的《梁漱溟往来书信集》，其中 1979 年在写给黄河清的信中提及："日前远承惠我极好茶叶，感谢之至。惜我平素饮用白开水或极淡之茶水，因好茶对大脑起兴奋作用，不利于睡眠；又素食六十八年，不同于肉食之人。"

据说毛泽东宴请梁漱溟时，这位大先生只挑素菜吃，毛泽东曾说他一定会长寿。后来梁先生高寿 95 岁。梁漱溟在饮食上高度节制和自律，可谓是到了一定的境界。他曾言养生秘笈："情贵淡，气贵和，唯淡唯和，苟其所养，无物不长。"

翻阅梁漱溟的日记可知，他的食物无非是寻常的米面，其中以粥类为最多，据说可以缓解他的失眠症。

由此我想到了自己的祖父祖母，他们都是很长寿的乡下老人，并不知道什么养生之道，只是想吃时就吃些肉类、豆腐，不想吃时常常是断了晚餐，平时则以馒头、酱菜、红薯、手擀面、山芋粥等为主，可谓是收放自如，简食主义。

说到简单饮食，长寿逾百十岁的周有光老先生说过一句名言：不乱吃东西。他曾告诉我，病从口入，我们身上很多的毛病都是吃出来的。

周老先生的日常饮食以鸡蛋、青菜、牛奶和豆腐为主，而且鸡蛋一天只吃一个，上下午各喝一杯红茶。

但是周老先生对一样酱菜却是情有独钟，那就是腐乳。这种腐乳是他年轻时在苏州生活就喜欢吃的，是苏州特产——玫瑰腐乳。为此我进京拜访老先生时都会带上几瓶给他解解馋。周先生喜欢在早晨吃粥时以腐乳佐餐，基本上一碗粥就吃掉一大块腐乳，后来家人担心他吃得太多，就尽量控制点。全国各地都不少玫瑰腐乳，但苏州这种是出自一家百年老字号，产量很少，购买点也很少，颜色趋于深紫，像是熟透了的玫瑰花瓣，口感有淡淡的甜。周有光夫人张允和的娘家人曾开玩笑地说，周老这么长寿，恐怕与长期食用这种玫瑰腐乳有关。有一次，周有光之子周晓平对我说，老爷子年过百岁口味还是可以的，当时晓平去扬州开会，顺便买了扬州酱菜厂生产的玫瑰腐乳，可是周老一吃就说不是那个味，然后就不吃了。苏州产的玫瑰腐乳到底有没有什么秘方，我不太清楚，但其口味是符合部分食用者的接受度的，一来它不会过咸和过甜，二来它有着天然的植物芬芳，三来它的酿造是建立在一个比较科学的原理上的。据我所知，苏州这种腐乳是委托绍兴厂家生产，只是不知道是来料加工还是全权委托。

有人说，玫瑰腐乳是因为其颜色像极了紫红的玫瑰色才叫作玫瑰腐乳。但据我所知，苏州人一向是喜欢吃用玫瑰花腌制的食品，还喜欢自己制作玫瑰花酱，当年苏州的玫瑰花酱还远销到东南亚一带。开春之后，苏州人吃的青团子有玫瑰馅，稍后的酒酿饼也有玫瑰馅的，包括苏州老字号的粽子糖、酥糖也有玫瑰口味的。而以玫瑰入酱菜，不只是健康保障，同时听上去也是一种雅致。

记得清代雅人张潮在《幽梦影》中提到过腐乳："臭腐化为神奇，酱也，腐乳也，金汁也。至神奇化为臭腐，则是物皆然。"

这恐怕不是古人第一次对腐乳啧啧称奇。

近代词人吴梅就曾与儿子一起为腐乳写过诗句："四儿云：豆荚神工化，超然百谷群。晶莹疑削玉，甘美胜茹荤。遍历炎蒸气，平添齿颊芬。珍藏至岁暮，一箸解微醺。余云：臭腐化神奇，斯言始信之。盐浆调细曲，旸日焙新瓷。得意酸甜外，加餐妇子宜。客来漫呕喋，此味俗儒知。"

过了几天之后，友人谭万先上门来求吴梅的书法，吴梅就把这首《乳腐》诗写好送出去了。是的，苏州人称腐乳为"乳腐"。

有关腐乳的历史，苏州早在清同治年间就有几家酱园以此为主打产品影响一时，如"潘所宜""顾得其"。前段时间，网上纷纷转载中国腐乳在科学上、医学上证明是有益身体健康的，此说或许并不能针对全体人群，但至少对于一部分人群来说，它仍然是较好的佐餐之物。

我在读好友戴明贤之子戴冰的文集《声音的密纹》时，得知一轶闻，说戴明贤之父戴子儒先生有个好友兼同事为洞箫名家，名叫谢根梅，其子谢虎生又与戴明贤为同学。说谢根梅突然心生灵感，从大西南去了蜀地峨眉山，在山顶住了一个月，整天就是吹箫，只以腐乳佐饭。难怪有人说，腐乳就是中国人的奶酪。

面食滋味长

　　我对于母亲做的各种面食都很喜欢，因为对于面食的热爱，促使我在各地寻找有趣的面食，如苏州的"蟹壳黄"。

　　这几天母亲因为照顾我来到苏州家里，面食就逐渐成为家里餐桌的主角。一连吃了几天面食后，我突然起意跟着母亲学做面食。在学做了几次之后，我似有顿悟，凡事知易行难，家常面食看上去普普通通，真想把它做好却并非易事。

　　母亲初来时，一再询问我们想吃什么，她是担心自己做的食物不对我们的胃口。我对她说，你做什么我们都爱吃，你想做什么就做什么。母亲擅长面食，蒸馒头、蒸花卷、蒸包子、叠咸馍、烙饼、擀面条、炒面粉，还有面疙瘩汤，粉鸡汤、拌面炸鱼、面叶子汤等，小时候还见她做过"老雁馍"（一种形似大雁的超大馒头，根据北方习俗，出嫁后的女子要在正月十六回娘家送大雁馍），惟妙惟肖，可好看啦。

母亲要做擀面条，没有面案板，母亲就利用家里的餐桌，没有擀面杖，母亲不知道从哪里找来一根水管子洗洗代替。母亲用超市里卖的精制面粉做出了久违的手擀面，只是怎么吃都吃不到当年自家种植、自家加工的淳朴的麦香味。后来母亲改做包子，粉丝肉末馅料、豆沙馅、五仁馅等。其实五仁馅灵感来自西安的饦饦饼，圆饼外形为汉代瓦当花纹，美极了；而馅料为核桃、花生、芝麻、瓜子仁、白糖等。我最爱此饼，因此主动承担制馅的任务，一样样碾碎了，按比例掺和在一起，香气迷人。看母亲巧手捏出一个个如花的褶子，我不禁手痒，上阵捏合包子。开始完全不是那么回事，捏出来的褶子确是褶子，却也捏出了大面坨子，吃起来口感差远了。"事非躬行不知难"，在接下来的学习和面实践中，我才慢慢体会到面食制作的复杂性。

什么时候放盐？什么时候放碱？为什么放酒酿比放发酵粉效果好？放多少？为什么要放？有的面还要放油，放菜油、猪油还是麻油？为何要一边和面一边放？一个简单的馒头，一根细如发丝的面条，所用的面团要来回叠加揉和多少遍？这里面都有经验和讲究。由此想到，传统社会中，一位姑娘要过渡到成熟的家庭主妇要学习的东西实在太多了，仅仅面食一项就有说不完的常识和窍门。

母亲帮我扶着面盆，铝制金属的水盆，时常因为重量太轻被面团带动起来。母亲问我，还记不记得老早家里和面的大盆，红釉陶盆，口大如缸。我当然记得，那时家家户户都标配一两个或一系列的这类陶盆。外面是粗陶烧制的，内里大红釉细滑如婴孩的肌肤，要重量有重量，要细节有细节，用来和面真是再合适不过了。母亲指点我和面说，水要一点点地加入，一边和面一边加水，不能一次到位。和面时要用劲捶打，反复折叠，确保面团要和透，不留死角，这样的面才劲道。母亲还提了一个要求：和面之后，要确保"三净"，即面盆净、水碗净、手上净。最后和出来的面团像一件完美的雕塑作品，没有任何的棱角，圆融、滋润，透着麦香和淡淡的酒酿香味，像是在等待孕育着什么，令人充满着期待和希望。

把和好的面团用白色绒纱布轻轻盖好，放在温暖的地方，冬天会放在煤炉旁，或直接放在能晒到太阳的窗前。就像是看着一个婴儿安静地待着，白白的，胖乎乎的，每一秒都在悄然生长，安静成长。连家里的小猫都乖乖地窝在旁边，一动不动。母亲管这个过程叫作"醒面"。

趁着醒面的空当，母亲忙着准备做包子的馅料。听她有节奏的剁馅料的声音，总有一种要过新年的错觉，一种使人欣然的美好错觉。"饺子皮的面不需要发酵，烙饼的面要放一点碱，做面皮的面要适当放点盐，咸馍的面要一边和面一边放油……"母亲边剁馅料边教我一些和面的常识。她说早期没有发酵粉，发面全靠酒酿制成的"酵子"，酵子越老越好，蒸出来的馒头又香又甜，还发得起来，好看。

　　母亲的话使我想起了小时候的时光。我和妹妹早已昏昏欲睡的夜间，母亲还要忙着烧火蒸馒头。要知道白天她已经忙碌了一整天，也只有到了晚饭后，她才腾出手来把发好的面团馍上锅蒸，地灶火膛，大口铁锅，馍坯沿着铁锅边放在竹箅的纱布之上，一半贴锅，一半在箅子上，有的全在箅子上。当馒头出锅时，整个厨房和院落都是新馍的香甜味，我和妹妹顿时困意全无，那种香味直往鼻子里钻。母亲会问我们要不要吃带"焦"的馍？所谓的"焦"即贴锅蒸的那部分。小时候口味单一，这种发面经过铁锅"炙"过有一种特别的异香，按照现代的健康标准恐怕还是不合格的。但在吃饭尚成问题的年代，已经属于一种高级点心了。那是一种脆脆的微甜，在吃不上糖的年代，味蕾却格外敏感，能准确地捕捉到小麦粉里的甘甜，焦块在油灯下闪烁着黄金般的色泽，我和妹妹各自啃了两个焦块才沉沉地睡去。第二天早上吃饭的时候，我和妹妹又会争着抢带焦块的馒头吃，而那些被撕下焦块的软馍则属于爸爸妈妈了。整天埋头于生计的他们哪里还有挑食的闲心思？

北方，无疑是面食的天堂。生于北方的孩子对于面食是极其依赖的，若是有一整天没吃到面食总有一种没吃饱饭的遗憾。有段时间，我给朋友的饭店帮忙，常常遇到南方食客，他们进门前不问菜，先问有没有米饭吃，可惜店里没有米饭，只能看着他们带着失落的神情怏怏而去。我们村里有个小女孩，晚上睡觉养成了一个习惯，嘴里喜欢含一口馒头睡，馒头块在嘴里来回翻搅着，就跟含着一颗牛奶糖似的，据说后来因此不良习惯坏掉了好几颗牙齿。

提及面食总少不了亲子关系一节，很多孩子长大后都不会忘记母亲或是祖母、外祖母制作的面食滋味，甚至形成了眷恋和依赖。有段时间我寄住在西安妹妹家，我发现西北女性都比较擅长制作面食，我妹夫的母亲会做五六种面食，臊子面、油泼面、麻食等，而且是随时可以在自家厨房里端出来。他们家有两个儿子，长子做驾培，虽然已经分开住，但时常在午间或晚间溜回来"蹭饭"，就因为舍不下母亲做的面食，而且可以点着吃。次子即我妹夫，做工程，跑工地，经常是大半夜归家，疲惫不堪，但即使是夜间到家，其母还是会守在厨房照例端出一盆（不是碗）臊子面或者饸饹。妹夫总是吃得很认真很满足的样子，吃完了去看看安睡的小女儿，然后躲进书房开始午夜书法课。

那段时间，我跟着妹妹、妹夫没少蹭吃面食，锅盔、羊肉泡馍、饦饦饼等，都令我味蕾难忘，永记铭心。我记得与亲切的阿姨在机场分别时，我想着阿姨这么多年，身上也有不少的疾病，但她却始终不表露出来，依旧是和蔼地关爱着每一个家庭成员。我拥抱着阿姨，看着她依依不舍地抹眼泪。我记得她曾对我说，你别客气，你就是我的另外一个儿子。此时此刻，我多想在内心里喊她一声"妈妈"……

注：2018年9月至10月，我因微恙在西安休养，寄住在妹夫家。妹夫的母亲待我如亲生子，还说我就是他的另外一个儿子。她带着我到处去看医生，求菩萨。每天早晚按时给我做好吃的饭食，还是不同种类的面食，也不管我吃不吃，先做好端上来，然后默默地微笑着看着我，使得同在的母亲都为之歉疚和感恩。那一个月，我整整重了八斤，刚好是我儿子出生时的重量。